全新版

全国二级建造师执业资格考试

案例强化一本通

建筑工程管理与实务

○ 环球网校建造师考试研究院 组编

知识出版社

图书在版编目（CIP）数据

建筑工程管理与实务/环球网校建造师考试研究院
组编 . —北京：知识出版社，2019.3
全国二级建造师执业资格考试案例强化一本通
ISBN 978－7－5015－9986－8

Ⅰ.①建… Ⅱ.①环… Ⅲ.①建筑工程－施工管理－
资格考试－自学参考资料 Ⅳ.①TU71

中国版本图书馆 CIP 数据核字（2019）第 033143 号

策　划　人	郭银星
责任编辑	鞠慧卿
封面设计	环球网校
责任印制	魏　婷
出版发行	知识出版社
地　　址	北京市阜成门北大街 17 号　　　邮政编码　100037
电　　话	010－56127091
网　　址	http：//www.ecph.com.cn
印　　刷	三河市中晟雅豪印务有限公司
开　　本	787 毫米×1092 毫米　　1/16
印　　张	9.5
字　　数	180 千字
印　　次	2019 年 3 月第 1 版　2022 年 12 月第 5 次印刷
书　　号	ISBN 978－7－5015－9986－8
定　　价	35.00 元

前辈说，得实务者得建造师考试；环球君说，得案例者可得实务。二级建造师考试中实务科目案例题分值占比大，重在考查考生是否有灵活运用所学知识解决工程实际问题的能力。这就要求考生不仅要有扎实的专业基本功，还要具备一定的语言组织能力。很多考生在做案例题时，不是感到无从下手，就是不懂答题规范，从而丢分。

为帮助广大考生在短时间内掌握案例题的高频重、难点及解题思路，提高应试能力，环球网校建造师考试研究院将案例题考查点拆分成若干模块，专注模块解题研究，提出"学、练、测、评"四维专项学习体系，打磨出这套二级建造师《案例强化一本通》，让考试没有难解的案例题。

◇ **专题模块划分**

《案例强化一本通——建筑工程管理与实务》将内容进行模块化梳理，把分散的知识点归纳到一起，帮助考生更有针对性地复习。每个模块均有考情分析、相关知识点的梳理以及所属模块历年经典真题的学习训练。本书根据真题案例考查情况共划分为六大模块：进度管理，质量和验收管理，安全管理，合同、招投标及成本管理，现场管理，实务操作。

通过模块划分，要求考生对知识点分门别类进行专题化训练，将零散的知识点通过不同的主题串联在一起，从而融会贯通。

◇ **解题思路梳理**

经典真题每一问都对解题思路进行了梳理，解决大家对案例无从下手的难题。让案例的答题思路更清晰。

对照解题思路的提示，先从问题入手，通过问题去映射对应的知识点及其纵向和横向延伸的知识点，只有这样才能找到采分点，解题不跑偏。

◇ **采分关键提示**

经过进一步的提炼总结，本书将采分点以关键词的形式在对应的答案后标出，并且给出了具体分值，方便考生规范答题，解决考生长篇大论却不得分的问题。

建议通过采分点提示去体会具体内容的考查点，只有平时学习中提高对关键词的敏感度，才能进一步培养题感。而要把关键词的作用发挥到极致，务必要多动手多练习，使答案更加专业、更加规范。

◇ **阅卷换位体验**

此部分附带学员版答案，重在让考生把自己当作阅卷老师，通过角色互换体会阅卷的过程，帮助自己快、狠、准地抓住采分点，更好地把握知识点的核心。

另外，通过此模块，大家会更了解大部分考生的做题思路及常出现的错误，取长补短，潜移默化中更好地识别关键词，抓住采分点。

◇ **仿真案例分析**

根据历年真题考查情况以及命题趋势，环球君精心编写十五道仿真案例题供考生练习使用。

模拟练习，重在仿真模拟，切忌做的过程中翻书，做完一道完整的案例题后再看参考答案，一定注意对相关错题的整理以及相关知识点的查缺补漏，进一步消化沉淀。

前辈说：案例难，难于上青天；环球君说：得要法，积跬步一次通关。二建备考路上，环球网校与您相伴，助您一次通关！

请大胆写出您的案例得分目标：＿＿＿＿＿＿＿

环球网校建造师考试研究院

知己知彼，百战不殆。在二建案例强化训练过程中，不仅要掌握考点及方法，还要清楚阅卷人的要求，从而有的放矢地练习，避免不必要的失误，提高答题准确率。跑得快不一定赢，奔跑的路上少栽跟头才可能成功！

◇ **阅卷流程**

（1）分组：一般每个案例题目会依据试卷数量以及难易程度，匹配几个小组进行阅卷。

（2）培训：针对阅卷要求整体培训，明确阅卷纪律及阅卷系统使用方法；在阅卷前分小组熟悉本组负责题目，根据标准答案讨论争议答案的解决方法、判断标准。

（3）试判：阅卷工作对时间要求比较高，试判试卷会在正式阅卷前进行。试卷试判至速度稳定、成绩无误、符合标准才会正式开始阅卷。

（4）评分：阅卷老师根据标准答案，重点识别采分点。考生的答案中有采分点即采取加分制进行加分。评分过程中，评卷软件会实时监测阅卷老师的评卷速度与质量。

◇ **阅卷过程心得**

1. 答题时不能离密封线太近

作答时，若离密封线太近，扫描过程中容易丢失部分答案，从而影响得分。

2. 认准答题区域

一定要在规定区域答题，写错位置不给分，并且不得在答题卡正面作任何标记。

【注意】答题纸每一页上都有填写考生姓名、准考证号的区域。

3. 坚决不空题

阅卷老师都很善良，一定要相信案例题有辛苦分，切记千万别空题。

4. 分条作答

阅卷老师最喜欢条理清楚的答案。建议考生按照得分点分条作答，并且每一条都要有明确的关键词，因为关键词一般为采分点。

5. 多答不扣分

多答不扣分，阅卷老师只会找跟答案相关的内容，只要找到采分点就会给分，多答的部分会被阅卷老师自动屏蔽，不会造成影响。

6. 答案要书写整齐

字写得不好看没关系，但务必工整。如果字迹潦草到阅卷老师看不清，就会丢分。所以，作答时要态度认真，做到自己对自己负责。阅卷老师最喜欢见到两类试卷，一类是答案条理清晰、采分点明确；另一类是空白卷。考生答题一定要识别问题的关键，注意推敲采分点。

7. 多用专业性、规范性语言

作答时，若不明确具体使用什么规范，建议用"强制性条文"或者"有关法规"等字眼代替。在答题的内容前加上这样一句话："根据有关法规，或根据强制性条文"，会增加答题的规范性。

8. 确定的答案不展开

若能确保答案正确，最好不要展开作答，能准确表达意思即可，这样阅卷人看得舒服，考生也能节省时间。

9. 对判断正误或选择性的问题，先给出结论

对于判断正误的题目，结论对、原因错也会给分，所以务必"有问必答"。但是题目当中问A、B或C的时候，考生必须选择正确的方向进行作答，如果考生既答了A，"×××××"；又答了B，"×××××"；或者C，"×××××"，即使"×××××"是一样的内容，但是也不得分。根据评分规则，正误判断方面的题，若前面判断错了，阅卷老师就不会看后面解释部分了，直接给0分，所以此类题目一定要先给出正确的结论再进行分析。

10. 计分方法

一般情况下，同一考生的同一道题由两名阅卷老师批改，只要两人的差值不超过2分就可以采用。为了公平，最后将两人的平均分记入总分。很多考生担心阅卷的都是在校学生，会造成自己的成绩失常。这种担心是非常多余的，首先阅卷组成员中学生的数量非常少，即便是学生，也是该专业的研究生，具有较强的专业能力。另外，阅卷是一种机械性的工作，评卷老师的工作是识别采分点加分，因此不用担心自己的试卷会被误判。答好试题最重要，不要把成绩低的原因推给外界因素，学得扎实才能以不变应万变。

目　录

第一部分　案例分析概述 / 1

一、案例分析考查特点 / 3

二、案例分析备考方案 / 3

三、案例分析重点提示 / 4

四、主要考查题型及答题技巧 / 5

第二部分　案例分析具体模块 / 9

模块一　进度管理 / 11

考情分析 / 11

知识点详解 / 11

经典案例 / 17

模块二　质量和验收管理 / 29

考情分析 / 29

知识点详解 / 29

经典案例 / 33

模块三　安全管理 / 44

考情分析 / 44

知识点详解 / 44

经典案例 / 50

模块四　合同、招投标及成本管理 / 60

考情分析 / 60

知识点详解 / 61

经典案例 / 65

模块五　现场管理 / 76

考情分析 / 76

知识点详解 / 76

经典案例 / 78

模块六　实务操作 / 84

考情分析 / 84

知识点详解 / 84

第三部分　我是阅卷官 / 91

案例分析题一 / 93

案例分析题二 / 96

案例分析题三 / 98

案例分析题四 / 100

案例分析题五 / 102

第四部分　模拟练习 / 105

案例分析题一 / 107

案例分析题二 / 109

案例分析题三 / 110

案例分析题四 / 111

案例分析题五 / 112

案例分析题六 / 114

案例分析题七 / 115

案例分析题八 / 117

案例分析题九 / 118

案例分析题十 / 119

案例分析题十一 / 120

案例分析题十二 / 122

案例分析题十三 / 124

案例分析题十四 / 126

案例分析题十五 / 128

参考答案 / 130

PART

第一部分

案例分析概述

1

一、案例分析考查特点

案例分析题主要考查考生现场经验和理论知识的综合应用能力，内容涉及法律法规、施工管理、工程实务 3 门科目。案例是实务科目的分值大户，主要从进度、质量、安全、成本、合同、招投标及现场管理等几个方面进行考查。其中，进度控制的网络图和流水施工每年必考其一，必须理解掌握，并且进度控制部分一般会结合合同部分的索赔进行考查；质量管理主要结合技术和法规标准部分进行命题；安全管理和合同管理尤为重要，考查最为灵活，与质量、进度、成本等均可结合命题。

二、案例分析备考方案

第一步：紧扣大纲，夯实基础

在基础学习阶段，建议考生结合相关资料全面理解基础知识，夯实基础，形成基本的知识体系。

第二步：习题演练，强化巩固

完成基础学习后，就需要进行大量练习。建议在此阶段着重研究真题。这里的"研究"不仅仅是做题，还包括分析命题思路、体会作答技巧、把握命题趋势等。

第三步：临考冲刺，提炼总结

在本阶段，考生需要灵活运用所掌握的知识和能力。建议考生绘制每章节的知识框架图，总结本科目的关键要点，把书读"薄"。此外，还可以对案例题进行分析，有针对性地进行梳理总结。

例如，案例题有惯用的几种问法：

（1）写出事件中施工的正确工序。

（2）制定的措施是否妥当？（不妥的原因往往是移花接木、权限滥用、工序或顺序颠倒、时间错误等）

（3）出现的情况、事件、事故该如何处理？并说明理由。

（4）直接提问。比如价格调整的原则、工期计算、指出关键线路等。

（5）写出图中 A、B……的名称。

（6）施工需要配置的施工机械。

（7）施工单位提出设计变更申请的理由是否正确？设计变更程序是否完善？并分别说明理由。

……

掌握了回答这些问题的范式，就可以轻松应考。

第四步：仿真考试，临阵磨枪

考前两个月就可以开始自主进行模拟考试了。模拟考试是对自己专业能力的检查，也是运用答题技巧、提高答题效率的必要途径。

相信各位考生踏踏实实根据备考方案复习，一定可以顺利通过二级建造师考试。

三、案例分析重点提示

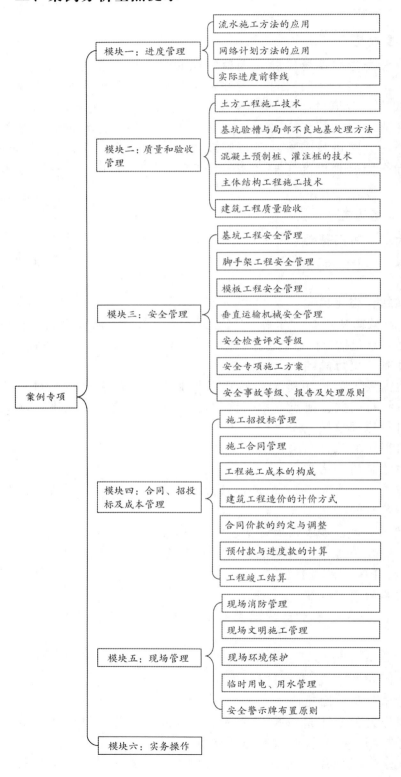

案例专项

模块一：进度管理
- 流水施工方法的应用
- 网络计划方法的应用
- 实际进度前锋线

模块二：质量和验收管理
- 土方工程施工技术
- 基坑验槽与局部不良地基处理方法
- 混凝土预制桩、灌注桩的技术
- 主体结构工程施工技术
- 建筑工程质量验收

模块三：安全管理
- 基坑工程安全管理
- 脚手架工程安全管理
- 模板工程安全管理
- 垂直运输机械安全管理
- 安全检查评定等级
- 安全专项施工方案
- 安全事故等级、报告及处理原则

模块四：合同、招投标及成本管理
- 施工招投标管理
- 施工合同管理
- 工程施工成本的构成
- 建筑工程造价的计价方式
- 合同价款的约定与调整
- 预付款与进度款的计算
- 工程竣工结算

模块五：现场管理
- 现场消防管理
- 现场文明施工管理
- 现场环境保护
- 临时用电、用水管理
- 安全警示牌布置原则

模块六：实务操作

四、主要考查题型及答题技巧

（一）主要考查题型

1. 简答题

直接考查知识点原文，但提问方式灵活，需结合案例背景回答。简答题分为两种：一种是纯问答的形式，抛出一个问题，让考生去回答，没有任何提示，难度较大；另一种是补缺题，给出部分内容，让考生去补全。此类题型务必注意分条作答。

> **例如：** 1. 根据本工程周边环境现状，基坑工程周边环境必须监测哪些内容？
>
> 2. 项目部应在哪些阶段进行脚手架检查和验收？
>
> 3. 本工程的施工组织设计中应包含哪些基本内容？

2. 分析改错题

分析改错题是建筑实务的经典题型，一般是给出工程实践中出现的行为和做法，让考生找出不妥之处，并说明理由或者写出正确做法。此类题型具有一定的技巧性，拿不准的情况下可以将每个做法写一遍最后加上"不妥"两个字，理由或正确做法可以参考题目本身描述向反方向去写。

> **例如：** 1. 指出竣工验收程序有哪些不妥之处？并写出相应正确做法。
>
> 2. 本工程在基坑监测管理工作中有哪些不妥之处？说明理由。
>
> 3. 事件四中，有哪些不妥之处？并分别说明正确说法。

3. 判断题

结合题目本身的描述，提问某种做法是否合理并说明理由。索赔经常通过此类题型去考查。解题首先要给出结论，然后说明理由。问题中提问的做法大多数是不合理的（近几年合理的情况逐渐增多）。

> **例如：** 1. 针对 A 单位提出的四项索赔，分别判断是否成立。
>
> 2. 针对工序 E、工序 F、工序 D，分别判断施工单位上报的三项工期索赔是否成立，并说明相应的理由。

4. 计算题

计算题的难度并不大，但干扰数据较多，重在概念的理解。常在进度、造价与成本管理部分进行考查。此类题型注意列式作答。

> **例如：** 1. 计算本项目的直接成本、间接成本各是多少万元？在成本核算工作中要做到哪"三同步"？
>
> 2. 分别计算清单项 A、清单项 B 的结算总价（单位：元）。

5. 识图题（二建中有可能会出现的考查题型）

识图改错题在一级建造师考试中连续 3 年（2015 年—2018 年）都进行了考查，未来二建建筑实务考试中也可能会涉及此类题型。即给出具体某个工程的施工详图，让考生找出不妥之处，比如女儿墙防水构造，脚手架及模板的搭设等。识图题更加接近于施工现场，侧重考查考生的现场实践能力。

> **例如：**1. 指出图 5 中的不妥之处，并说明理由。
>
> 2. 指出图 5 中措施做法的不妥之处。正常情况下，现场临时配电系统停电的顺序是什么？
>
> 3. 指出背景资料中脚手架搭设的错误之处。

（二）答题技巧

1. 审核题干，理解问题

先看问题，根据问题阅读背景资料。案例题命题是一个逆过程，即先列出要考查的问题，根据问题编辑背景资料。

背景资料一般包括综合介绍和事件描述。综合介绍例如：某高层钢结构工程，建筑面积 28 000m²，地下 1 层，地上 12 层，外围护结构为玻璃幕墙和石材幕墙，外保温材料为新型保温材料；屋面为现浇钢筋混凝土板，防水等级为Ⅰ级，采用卷材防水。事件描述一般一个段落为一个事件。综合介绍部分一般是不出题的，但是很可能包含隐含信息，比如：根据地下层数可以判断基坑的深浅，进而确定是否需要编制专项施工方案或者组织专家论证。问题一般是针对每个事件提出的，需要逐字逐句地审题，在正文标注出有效信息和关键词，从所提问题的角度结合背景资料提示的相关内容进行分析思考。

2. 列式计算，分条作答

每一个小问题都是一个采分点，可以用（1）、（2）、（3）……分条分段列出，语言简洁精炼，避免长篇大论，是否得分只在于是否答出了采分点。有计算题需要列式计算的，一定要有计算过程，过程和答案分别为一个采分点。例如问题："事件四中，列式计算工程预付款、工程预付款起扣点（单位：万元，保留小数点后两位），总承包单位的哪些索赔成立"。回答问题步骤如下：①列式计算工程预付款；②列式计算预付款起扣点；③汇总总承包单位能索赔项目，一一列出。

3. 一问一答，避免漏题

特别注意"及""和""并""还"等关键字，有几问答几问，每一问都是一个采分点，不要漏题。例如："事件一的做法是否正确？并说明理由"。首先回答正确与否，再回答理由（即为什么正确或不正确）。针对"还""还有"这种问题，一般背景资料里有此项内容只是不全面，回答时根据已提供资料补充齐全。不会做的题目可先留足够空白，答完会的再答。

4. 专业名词，规范语言

回答问题时应结合案例背景和所掌握的知识点编辑语言，一定要用专业名词。切忌根据实际经验随意发挥，例如"砼"和"混凝土"，"打灰"和"浇筑"，虽然意思表达一样，但是很可能不得分。此外，由于许多企业管理不规范，工作中的实际做法和标准答案之间存在很大差距，即使意思对了却不符合采分点，也可能失分。

5. 关键词语，点多字少

案例题是根据得分点给分的，例如"五牌一图"即：工程概况牌、管理人员名单及监督电话牌、消防保卫牌、安全生产牌、文明施工和环境保护牌、施工现场总平面图。判卷老师也是根据这几个得分点去答案中找，只需答出这几个词语就是满分了，多写无益，只会浪费考试时间。

6. 沉着冷静，对号入座

个别考生可能由于紧张只注意问题而不看答题要求，将答案写错位置。务必注意一定要在指定区域答题（答错位置不得分）。管理与实务试卷是扫描后存入电脑中批改的，所以一定不要把答案写到规定范围以外，防止扫描不到。因此大家在答题时一定要看仔细，让答案"对号入座"，书写在指定位置，否则即使答对了也不得分。案例答题纸所留的答案区域很大，如果不看清楚位置，只是一道题紧接一道题的回答，也许只有第一道题能得分。

7. 字迹工整，减少涂改

字迹工整清楚，尽量不涂改，这也是得高分的关键，工整的字迹便于阅卷老师寻找得分点。可以简要打草稿，这样在答题纸上写答案时就可以减少漏项和涂改。每一个小问题后面也要注意留白，以便在出错的时候有足够地方改正。

总之，要树立信心，多看书多积累，合理分配时间。

PART

第二部分

案例分析具体模块

2

模块一　进度管理

➤ 考情分析

进度管理是建筑实务每年必考的内容，通常都是第一道案例题。主要考查流水施工方法的应用和网络计划技术的应用。流水施工工期的计算重点是在考查流水步距，所以必须熟练掌握流水步距的计算（累加数列、错位相减、取大差），能够准确地绘制横道图。关于网络计划，要求熟练掌握六时标注法的计算，能够快速找出网络图的关键线路、关键工作。进度管理部分经常结合施工组织设计以及合同管理的索赔来考查，重在考查索赔的原则。此部分一般以简答、计算和判断的形式进行考查。

➤ 知识点详解

知识点 ① 流水施工方法的应用

扫码听课

一、流水施工的概念

流水施工是将拟建工程划分为若干**施工段（m）**，并将施工对象分解为若干个**施工过程（n）**，按施工过程成立相应工作队，各工作队按施工过程顺序依次完成施工段内的施工过程，依次从一个施工段转到下一个施工段，施工在各施工段、施工过程上连续、均衡地进行，使相应专业队间实现最大限度的搭接施工。

二、流水施工参数

流水施工参数主要包括**工艺参数、空间参数和时间参数**，见表2-1。

表 2-1　流水施工参数的分类和定义

流水施工参数		定义
工艺参数	施工过程（n）	根据施工组织及计划安排需要划分出的计划任务子项称为施工过程，可以是单位工程、分部工程，也可以是分项工程，甚至可以是将分项工程按照专业工种不同分解而成的施工工序
	流水强度	流水施工的某施工过程在单位时间内所完成的工程量，也称为流水能力或生产能力
空间参数	施工段（m）	施工在空间布置上划分的个数，可以是施工区（段），也可以是多层的施工层数
时间参数	流水节拍（t）	某个专业队在一个施工段上的施工时间
	流水步距（K）	两个相邻的专业队进入流水作业的时间间隔
	工期（T）	从第一个专业队投入流水作业开始，到最后一个专业队完成最后一个施工过程的最后一段工作、退出流水作业为止的整个持续时间

三、流水施工的组织形式

（一）等节奏流水施工

1. 定义

等节奏流水施工是指在有节奏流水施工中，各施工过程的流水节拍都相等的流水施工，也称为固定节拍流水施工或全等节拍流水施工。

2. 特点

（1）流水节拍为常数。

（2）施工队数＝施工过程数。

（3）流水步距相等且等于流水节拍。

3. 工期的计算公式（暂不考虑间歇时间、搭接时间等）

$$T = (m+n-1) \times K$$

式中，m 表示施工段，n 表示施工过程，K 表示流水步距。

例题：

某大学城工程，施工单位拟对四栋单体建筑的某分项工程组织流水施工，其流水施工参数见表 2-2：

表 2-2　流水施工参数　（单位：周）

施工过程	流水节拍			
	单体建筑一	单体建筑二	单体建筑三	单体建筑四
Ⅰ	2	2	2	2
Ⅱ	2	2	2	2
Ⅲ	2	2	2	2

其中：施工顺序Ⅰ、Ⅱ、Ⅲ；施工过程Ⅱ与施工过程Ⅲ之间存在工艺间隔时间 1 周。

【问题】

1. 本工程最适宜采用何种流水施工组织形式？除此之外，流水施工通常还有哪些基本组织形式？

2. 计算其流水施工工期。

【参考答案】

1. 本工程宜采用等节奏流水施工来组织。除此之外，还有异节奏流水施工和无节奏流水施工两种形式。

2.（1）$m=4$，$n=3$，$t=2$，G（工艺间歇时间）$=1$。

（2）$K=t=2$（流水步距＝流水节拍）。

（3）工期 $T = (m+n-1) \times K + G = (4+3-1) \times 2 + 1 = 13$（周）。

（二）异节奏流水施工

异节奏流水施工是指在有节奏流水施工中，各施工过程的流水节拍各自相等，而不同施工过程之间的流水节拍不尽相等的流水施工。其特例为成倍节拍流水施工。

（三）无节奏流水施工

1. 定义

无节奏流水施工是指在组织流水施工时，全部或部分施工过程在各个施工段上流水节拍不相等的流水施工。它是流水施工中**最常见**的一种。

2. 特点

（1）流水节拍没有规律。

（2）组织的原则是使施工队连续施工（工作面可能有空闲）。

（3）流水步距的确定方法：**累加数列、错位相减、取大差**。

（4）工队数＝施工过程数。

例题：

某拟建工程由甲、乙、丙三个施工过程组成。该工程共划分成四个施工流水段，每个施工过程在各个施工流水段上的流水节拍见表 2-3。按相关规范规定，施工过程乙完成后其相应施工段至少要养护 2d，才能进入下道工序。为了尽早完工，经过技术攻关，实现施工过程乙在施工过程甲完成之前 1d 提前插入施工。

表 2-3 各施工段的流水节拍

施工过程（工序）	流水节拍（d）			
	施工一段	施工二段	施工三段	施工四段
甲	2	4	3	2
乙	3	2	3	3
丙	4	2	1	3

【问题】

1. 计算各施工过程间的流水步距和总工期。

2. 试编制该工程流水施工计划图。

【参考答案】

1.（1）求各施工过程之间的流水步距：

1）各施工过程流水节拍的累加数列：

甲：2 6 9 11

乙：3 5 8 11

丙：4 6 7 10

2）错位相减，取最大的流水步距：

$$
\begin{array}{rrrrr}
K_{甲,乙} & 2 & 6 & 9 & 11 \\
-) & & 3 & 5 & 8 & 11 \\
\hline
& 2 & 3 & 4 & 3 & -11
\end{array}
$$

所以：$K_{甲,乙}=4$。

$K_{乙,丙}$	3 5 8 11			
一)	4 6 7 10			
	3 1 2 4 —10			

所以：$K_{乙,丙}=4$。

3）总工期：

工期 $T=\sum K+\sum t_n+\sum G-\sum C=(4+4)+(4+2+1+3)+2-1=19$（d）。

2. 流水施工计划图如图 2-1 所示。

施工过程	施工进度（d）																		
	1	2	3	4	5	6	7	8	9	10	11	12	13	14	15	16	17	18	19
甲																			
乙																			
丙																			

图 2-1　无节奏流水施工计划图

例题：

某工程包括三个结构形式与建造规模完全一样的单体建筑，各单体建筑施工共由五个施工过程组成，分别为：土方开挖、基础施工、地上结构、砌筑工程、装饰装修。根据施工工艺要求，地上结构施工完毕后，需等待 2 周后才能进行砌筑工程。

该工程采用五个专业工作队组织施工，各施工过程的流水节拍见表 2-4：

表 2-4　流水节拍表

施工过程编号	施工过程	流水节拍（周）
Ⅰ	土方开挖	2
Ⅱ	基础施工	2
Ⅲ	地上结构	6
Ⅳ	砌筑工程	4
Ⅴ	装饰装修	4

【问题】

1. 计算流水施工的工期。

2. 根据本工程的特点，宜采用何种形式的流水施工，并计算总工期。

【参考答案】

1. 上述五个专业工作队的流水施工属于异节奏流水施工。根据表中数据，采用"累加数列、错位相减、取大差"法计算流水步距。

（1）各施工过程流水节拍的累加数列：

施工过程Ⅰ：2　　4　　6

施工过程Ⅱ：2　　4　　6

施工过程Ⅲ：6　　12　　18

施工过程Ⅳ：4　　8　　12

施工过程Ⅴ：4　　8　　12

（2）错位相减，取最大值的流水步距：

$K_{Ⅰ,Ⅱ}$　　2　　4　　6

－）　　　　　2　　4　　6

———————————————————

　　　　2　　2　　2　　－6

所以：$K_{Ⅰ,Ⅱ}=2$。

$K_{Ⅱ,Ⅲ}$　　2　　4　　6

－）　　　　　6　　12　　18

———————————————————

　　　　2　　－2　　－6　　－18

所以：$K_{Ⅱ,Ⅲ}=2$。

$K_{Ⅲ,Ⅳ}$　　6　　12　　18

－）　　　　　4　　8　　12

———————————————————

　　　　6　　8　　10　　－12

所以：$K_{Ⅲ,Ⅳ}=10$。

$K_{Ⅳ,Ⅴ}$　　4　　8　　12

－）　　　　　4　　8　　12

———————————————————

　　　　4　　4　　4　　－12

所以：$K_{Ⅳ,Ⅴ}=4$。

（3）总工期：$T=（2+2+10+4）+（4+4+4）+2=32$（周）。

【说明】（2+2+10+4）为流水步距之和；（4+4+4）是最后一道工序所需时间之和，因为有三个完全一样的单体；"2"是两个施工过程间的间隔时间。

2．（1）根据本工程的特点比较适合成倍节拍流水施工。

（2）采用成倍节拍流水施工，则应增加相应的专业队。

1）$K=$流水节拍的最大公约数$=\min（2，2，6，4，4）=2$（周）。

2）确定专业队数：$b_Ⅰ=2/2=1$；$b_Ⅱ=2/2=1$；$b_Ⅲ=6/2=3$；$b_Ⅳ=4/2=2$；$b_Ⅴ=4/2=2$。

故：专业队总数$N=1+1+3+2+2=9$。

3）流水施工工期：$T=（M+N-1）×K+G=（3+9-1）×2+2=24$（周）。（$G$代表工艺间歇时间）

扫码听课

知识点 ② 网络计划方法的应用

一、双代号网络计划

（1）网络计划中工作的六个时间参数：

最早开始时间 ES，最早完成时间 EF。

最迟开始时间 LS，最迟完成时间 LF。

总时差 TF，自由时差 FF。

（2）关键工作： 网络计划中**总时差最小**的工作。

（3）关键线路：由关键工作所组成的线路就是关键线路。关键线路的工期即为网络计划的计算工期。

【归纳总结】 六时标注法是计算时间参数的基本方法，学习中务必熟练掌握此方法，具体计算步骤总结如下：

（1）从左到右计算 ES、EF，遇到有大小的时候取大。（计算工期 T）

（2）从右到左计算 LF、LS，遇到有大小的时候取小。

（3）列式计算 TF。总时差＝上—上（$LS-ES$）或下—下（$LF-EF$）。

（4）列式计算 FF。本工作自由时差＝紧后工作的 ES（遇到有大小的时候取小）—本工作 EF。

【记忆口诀】 沿线累加，逢圈取大；逆线累减，逢圈取小。

二、双代号时标网络计划

（一）双代号时标网络计划的相关规定

（1）时标网络计划应以实箭线表示工作，以虚箭线表示虚工作，以波形线表示工作的自由时差。

（2）时标网络计划中虚工作必须以垂直方向的虚箭线表示，有自由时差时加波形线表示。

（二）双代号时标网络计划参数的计算

（1）**自由时差：** 以**波形线**的长度表示。

（2）**总时差：** 本工作波形线与紧后工作总时差之和的最小值。（终点工作的总时差等于其自由时差）

（3）**关键线路：** 双代号时标网络计划中没有波形线的通路即为关键线路。

（4）**计算工期：** 终点节点所对应的时刻点。

知识点 ③ 实际进度前锋线

实际进度前锋线（如图 2-2 所示）是指在原时标网络计划上，自上而下从计划检查时刻的时标点出发，用**点划线**依此将各项工作实际进度达到的前锋点连接而成的折线。通过实际进度前锋线与原进度计划中各工作箭线交点的位置可以判断实际进度与计划进度的偏差。

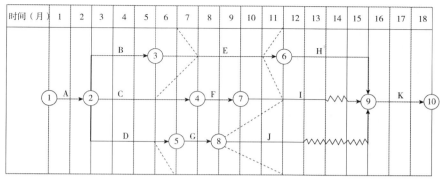

图 2-2 实际进度前锋线

【说明】前锋线可以直观地反映出检查日期有关工作实际进度与计划进度之间的关系：

（1）工作实际进展位置点落在检查日期的**左侧**——该工作实际进度**拖后**。

（2）工作实际进展位置点与检查日期**重合**——该工作实际进度与计划进度**一致**。

（3）工作实际进展位置点落在检查日期的**右侧**——表明该工作实际进度**超前**。

➤ 经典案例

【2022真题·背景资料】

某施工单位中标承建某商业办公楼工程，建筑面积 24 000m²，地下 1 层，地上 6 层，钢筋混凝土现浇框架结构，钢筋混凝土筏形基础。主体结构混凝土强度等级为 C30，主要受力钢筋采用 HRB400 级，设计要求直径≥20m 受力钢筋接采用机械连接。

中标后，施工单位根据招标文件、施工合同以及本单位的要求，确定了工程的管理目标、施工顺序、施工方法和主要资源配置计划。施工单位项目负责人主持、项目经理部全体管理人员参加，编制了单位工程施工组织设计，由项目技术负责人审核，项目负责人审批。施工单位向监理单位报送该单位工程施工组织设计，监理单位认为该单位工程施工组织设计中只明确了质量、安全、进度三项管理目标，管理目标不全面，要求补充。

主体结构施工时，直径≥20mm 的主要受力钢筋按设计要求采用了钢筋机械连接，取样时，施工单位试验员在钢筋加工棚制作了钢筋机械连接抽样检验接头试件。

工程进入装饰装修施工阶段后，施工单位编制了如图 2-3 所示的装饰装修阶段施工进度计划网络图（时间单位：天），并经总监理工程师和建设单位批准。施工过程中 C 工作因故延迟开工 8 天。

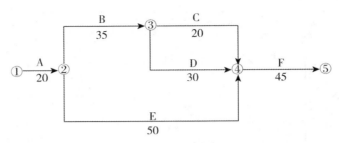

图 2-3　装饰装修阶段施工进度计划网络图

【问题】

1. 指出施工单位单位工程施工组织设计编制与审批管理的不妥之处，写出正确做法。

2. 根据监理单位的要求，还应补充哪些管理目标？（至少写 4 项）

3. 指出主体结构施工时存在的不妥之处，写出正确做法。

4. 写出施工进度计划网络图中 C 工作的总时差和自由时差。

5. C 工作因故延迟后，是否影响总工期，说明理由。写出 C 工作延迟后的总工期。

【参考答案】

1. （1）不妥之处一：单位工程施工组织设计由项目技术负责人审核。

正确做法：单位工程施工组织设计应由施工单位主管部门审核。

（2）不妥之处二：单位工程施工组织设计由项目负责人审批。

正确做法：单位工程施工组织设计应由施工单位技术负责人或技术负责人授权的技术人员审批。

【解题思路】 本题考查单位工程施工组织设计的管理，重在考查程序的控制。编制、审核、审批、交底、检查、归档人员的要求是常考点。审批属于技术人员的职责，在这里容易错答为项目负责人。

2. 还应补充：成本、环保、节能、绿色施工等管理目标。

【解题思路】 管理目标属于建筑施工部署中的内容，可结合实际施工常识作答。

采分点
1.①项目技术负责人审核，项目负责人审批（2分） ②施工单位技术负责人或技术负责人授权的技术人员审批、施工主管部门审核（2分）
2. 成本、环保、节能、绿色施工（4分）

3. 不妥之处：施工单位试验员在钢筋加工棚制作了钢筋机械连接抽样检验接头试件。

正确做法：应在监理工程师见证下，按照检验批要求在工程实体中截取。

4. C 工作总时差＝130－120＝10（天）。

自由时差为 10 天。

【解题思路】首先找到关键线路，其次根据关键线路计算出 C 工作的总时差。

5.（1）不影响总工期，因为 C 工作的总时差为 10 天，因故延迟开工 8 天未超过总时差，不影响总工期。

（2）C 工作延迟后的总工期为 130 天。

【解题思路】结合 C 工作的总时差，对于 C 工作的延迟进行推断延迟后的总工期。

> **采分点**
>
> 3. ①施工单位试验员、加工棚制作了钢筋机械连接抽样检验接头试件（2分）
> ②监理工程师、工程实体中截取（2分）
>
> 4. ①10 天（2分）
> ②10 天（2分）
>
> 5. ①不影响总工期（2分）
> ②总工期为 130 天（2分）

【2021-Ⅱ真题·背景资料】

某新建职业技术学校工程，由教学楼、实验楼、办公楼及 3 栋相同的公寓楼组成，均为钢筋混凝土现浇框架结构，合同中有创省优质工程的目标。

施工单位中标进场后，项目部项目经理组织编制施工组织设计。施工部署作为施工组织设计的纲领性内容，项目经理重点对"重点和难点分析""四新技术应用"等方面进行详细安排，要求为工程创优策划打好基础。

施工组织设计中，针对 3 栋公寓楼组织流水施工，各工序流水节拍参数见表 2-5。

表 2-5　流水施工参数表

工序编号	施工过程	流水节拍（周）	与前序工序的关系（搭接/间隔）及时间
①	土方开挖与基础	3	
②	地上结构	5	A/B
③	砌筑与安装	5	C/D
④	装饰装修及收尾	4	

绘制流水施工横道图如图 2-4 所示，核定公寓楼流水施工工期满足整体工期要求。

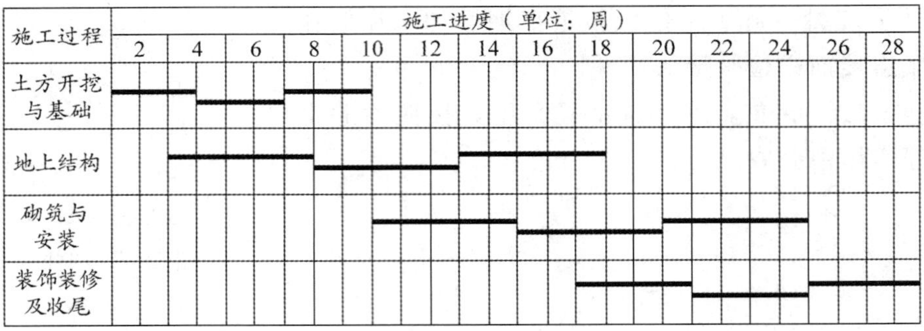

施工过程	施工进度（单位：周）														
	2	4	6	8	10	12	14	16	18	20	22	24	26	28
土方开挖 与基础														
地上结构														
砌筑与 安装														
装饰装修 及收尾														

图 2-4　流水施工横道图

办公楼后浇带施工方案的主要内容有：以后浇带为界，用快易收口网进行分割；含后浇带区域整体搭设统一的模板支架，后浇带两侧混凝土浇筑完毕达到拆模条件后，及时拆除支撑架体实现快速周转；预留后浇带部位上覆多层板防护防止垃圾进入；待后浇带两侧混凝土龄期均达到设计要求的 60d 后，重新支设后浇带部位（两侧各延长一跨立杆）底模与支撑，浇筑混凝土，并按规范要求进行养护。监理工程师认为方案存在错误，且后浇带混凝土浇筑与养护描述不够具体，要求施工单位修改完善后重新报批。

外墙保温采用 EPS 板薄抹灰系统，由 EPS 板、耐碱玻纤网布、胶粘剂、薄抹灰面层、饰面涂层等组成，其构造图如图 2-5 所示。

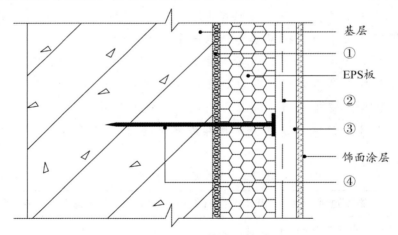

图 2-5　EPS 板薄抹灰构造图

【问题】

1. 除背景材料中提及的"重点和难点分析"和"四新技术应用"外，施工部署的主要内容还有哪些？

2. 写出流水节拍参数表中 A、C 对应的工序关系，B、D 对应的时间。

3. 指出办公楼后浇带施工方案中的错误之处，后浇带混凝土浇筑及养护的主要措施有哪些？

4. 分别写出图 2-5 中数字代号所示各构造做法的名称。

【参考答案】

1. 除背景材料中提及的"重点和难点分析"和"四新技术应用"外，施工部署的主要内容还有工程目标、工程管理的组织、进度安排和空间组织、资源配置计划、项目管理总体安排。

【解题思路】 关于施工部署，曾考查过与其相关的考点，如"管理目标""项目管理组织机构形式的确定因素"，历年真题的参考性很高。本题为补全内容型简单题，可结合背景资料及经验作答。

2. 流水节拍参数表中，A 对应的工序关系：搭接；C 对应的工序关系：间隔；B 对应的时间：1 周；D 对应的时间：2 周。

【解题思路】 关于横道图，常规考查方式为时间参数已知，要求绘制横道图。本题反其道而行之，背景资料先给出横道图及流水节拍，再判断工序关系。唯有理解并掌握累加数列错位相减取大差法，且认真审题，方能答对。

具体分析如下：

(1) 各施工过程流水节拍的累加数列：

土方开挖与基础：3　6　9

地上结构：5　10　15

砌筑与安装：5　10　15

装饰装修及收尾：4　8　12

(2) 错位相减，取最大值得流水步距

$$
\begin{array}{rrrr}
K_1 \quad 3 & 6 & 9 & \\
- \quad & 5 & 10 & 15 \\
\hline
3 & 1 & -1 & -15
\end{array}
$$

所以，土方开挖与基础和地上结构之间的流水步距 $K_1 = 3$ 周，B = 3－2 = 1（周）。

$$
\begin{array}{rrrr}
K_2 \quad 5 & 10 & 15 & \\
- \quad & 5 & 10 & 15 \\
\hline
5 & 5 & 5 & -15
\end{array}
$$

所以，地上结构和砌筑与安装之间的流水步距 $K_2 = 5$ 周，D = 7－5 = 2（周）。

采分点
1. ①工程目标（1 分） ②工程管理的组织（1 分） ③进度安排和空间组织（1 分） ④资源配置计划（1 分） ⑤项目管理总体安排（1 分）
2. ①A 对应的工序关系：搭接（1 分） ②C 对应的工序关系：间隔（1 分） ③B 对应的时间：1 周（1 分） ④D 对应的时间：2 周（1 分）

3.（1）错误之处一：含后浇带区域整体搭设统一的模板支架。

错误之处二：后浇带两侧混凝土浇筑完毕达到拆模条件后，及时拆除支撑架体实现快速周转。

错误之处三：待后浇带两侧混凝土龄期均达到设计要求的60d后，重新支设后浇带部位（两侧各延长一跨立杆）底模与支撑。

（2）后浇带混凝土浇筑及养护的主要措施：①后浇带应采取钢筋防锈或阻锈等保护措施；②填充后浇带，可采用微膨胀混凝土，强度等级比原结构强度提高一级；③保持至少14d的湿润养护；④后浇带接缝处按施工缝的要求处理。

【解题思路】后浇带施工技术要点为高频考点。重点关注两方面：一是后浇带及两侧模板及支架搭设与拆除的方法；二是后浇带混凝土施工技术要点。

4.图2-5中数字代号所示各构造做法的名称：①胶粘剂；②耐碱玻纤网布；③薄抹灰面层；④锚栓。

【解题思路】本题考查的是EPS板薄抹灰系统。关于外墙外保温施工技术，其施工工艺流程及构造图均是重点，需在理解的基础上记忆。

采分点
3.①每处错误1分，共3分 ②微膨胀混凝土，强度等级比原结构强度提高一级，14d湿润养护，按施工缝的要求处理（4分）
4.胶粘剂，耐碱玻纤网布，薄抹灰面层，锚栓（4分）

【2019真题·背景资料】

某洁净厂房工程，项目经理指示项目技术负责人编制施工进度计划，并评估项目总工期，项目技术负责人编制了相应施工进度安排（如图2-6所示），报项目经理审核。项目经理提出：施工进度计划不等同于施工进度安排，还应包含相关施工计划必要组成内容，要求技术负责人补充。

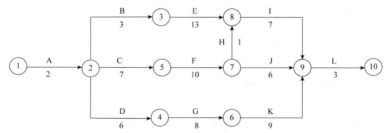

图2-6 施工进度计划网络图（时间单位：周）

因为本工程采用了某项专利技术，其中工序B、工序F、工序K必须使用某种特种设备，且需按"B→F→K"先后顺次施工。该设备在当地仅有一台，租赁价格昂贵，租赁时长计算从进场开始直至设备退场为止，且场内停置等待的时间均按正常作业时间计取租赁费用。

项目技术负责人根据上述特殊情况，对网络图进行了调整，并重新计算项目总工期，报项目经理审批。

项目经理二次审查发现：各工序均按最早开始时间考虑，导致特种设备存在场内停置等待时间。项目经理指示调整各工序的起止时间，优化施工进度安排以节约设备租赁成本。

【问题】

1. 写出网络图的关键线路（用工作表示）和总工期。

2. 项目技术负责人还应补充哪些施工进度计划的组成内容？

3. 根据特种设备使用的特殊情况，重新绘制调整后的施工进度计划网络图，调整后的网络图总工期是多少？

4. 根据重新绘制的网络图，如各工序均按最早开始时间考虑，特种设备计取租赁费用的时长为多少？优化工序的起止时间后，特种设备应在第几周初进场？优化后特种设备计取租赁费用的时长为多少？

【参考答案】

1.（1）关键线路为 A→C→F→H→I→L。

（2）总工期＝2＋7＋10＋1＋7＋3＝30（周）。

【解题思路】考查如何查找关键线路。在所有线路中找出用时最长的一条或几条，即为关键线路。此类问题需要注意的是关键线路不一定唯一。

2. 项目技术负责人还应补充的内容有：工程建设概况，工程施工情况，单位工程进度计划，分阶段进度计划，单位工程准备工作计划，劳动力需用量计划，主要材料、设备及加工计划，主要施工机械和机具需要量计划，主要施工方案及流水段划分，各项经济技术指标要求等。

【解题思路】此知识点为施工进度计划的内容。考生可以通过对于施工进度计划的理解作答。遇到此类稍有超纲的问题不要慌张，梳理所了解、学习的知识，总结出合理的答案。

3.（1）重新绘制调整后的施工进度计划网络图如图2-7所示：

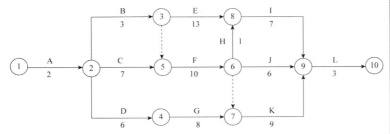

图2-7 调整后的施工进度计划网络图（时间单位：周）

采分点

1. ①A→C→F→H→I→L（2分）
②30周（2分）

2. 工程建设概况，工程施工情况，单位工程进度计划，分阶段进度计划，单位工程准备工作计划，劳动力需用量计划，主要材料、设备及加工计划，主要施工机械和机具需要量计划，主要施工方案及流水段划分，各项经济技术指标要求（共4分，至少列出4项）

3. ①画出图（2分）
②A→C→F→K→L（2分）
③31周（2分）

（2）调整后的关键线路为：A→C→F→K→L。

调整后的总工期为：2＋7＋10＋9＋3＝31（周）。

【解题思路】考查网络图的绘制。要了解虚箭线的作用，分别是联系、区分和断路。平时要加强对网络图题目的练习。上考场前要战胜心里障碍，自信作答。

4.（1）各工序均按最早开始时间考虑，特种设备计取租赁费用时长为28－2＝26（周）。

（2）优化工序的起止时间后，特种设备应在第6周初进场。

（3）优化后特种设备计取租赁时间为28－5＝23（周）。

【解题思路】此问重点在于考虑让特种设备租赁的时间最短，所以B、F、K工作要紧密相连。要让设备进场时间满足工作紧密关系。

采分点

4.①26周（2分）
②第6周初（2分）
③23周（2分）

【2018真题·背景资料】

某办公楼工程，框架结构，钻孔灌注桩基础，地下1层，地上20层，总建筑面积25 000m²，其中地下建筑面积3 000m²。施工单位中标后与建设单位签订了施工承包合同，合同约定："……至2014年6月15日竣工，工期目标470日历天；质量目标合格；主要材料由施工单位自行采购；因建设单位原因导致工期延误，工期顺延，每延误一天支付施工单位10 000元/天的延误费……"。合同签订后，施工单位实施了项目进度策划，其中上部标准层结构工序安排见表2-6。

表2-6 上部标准层结构工序安排表

工作内容	施工准备	模板支撑体系搭设	模板支设	钢筋加工	钢筋绑扎	管线预埋	混凝土浇筑
工序编号	A	B	C	D	E	F	G
时间（天）	1	2	2	2	2	1	1
紧后工序	B、D	C、F	E	E	G	G	/

桩基施工时遇地下溶洞（地质勘探未探明），由此造成工期延误20日历天。施工单位向建设单位提交索赔报告，要求延长工期20日历天，补偿误工费20万元。

地下室结构完成，施工单位自检合格后，项目负责人立即组织总监理工程师及建设单位、勘察单位、设计单位项目负责人进行地基基础分部验收。

24

施工至十层结构时，因商品混凝土供应迟缓，延误工期 10 日历天。施工至二十层结构时，建设单位要求将该层进行结构变更，又延误工期 15 日历天。施工单位向建设单位提交索赔报告，要求延长工期 25 日历天，补偿误工费 25 万元。

装饰装修阶段，施工单位采取编制进度控制流程、建立协调机制等措施，保证合约约定工期目标的实现。

【问题】

1. 根据上部标准层结构工序安排表绘制出双代号网络图，找出关键线路，并计算上部标准层结构每层工期是多少日历天？

2. 本工程地基基础分部工程的验收程序有哪些不妥之处？并说明理由。

3. 除采取组织措施外，施工进度控制措施还有哪几种措施？

4. 施工单位索赔成立的工期和费用是多少？逐一说明理由。

【参考答案】

1. （1）网络图如图 2-8 所示。

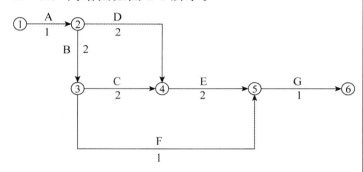

图 2-8 网络图

（2）关键线路：①→②→③→④→⑤→⑥或 A→B→C→E→G。

（3）每层工期是 8 日历天。

【解题思路】 本题考查双代号网络图的绘制，此知识点和施工管理科目联系紧密。首先，根据表中逻辑关系，找出各项工作的紧后工作，找对各工作之间的逻辑关系。其次，根据逻辑关系画出草图。最后，将画好的草图进行调整，尽量美观。

2. （1）不妥之处一：施工单位自检合格后，项目负责人立即组织验收。

理由：施工单位确认自检合格后提出验收申请。

（2）不妥之处二：项目负责人立即组织验收。

理由：应由总监理工程师或建设单位项目负责人组织。

采分点

1. ①画出图（2分）
   ②ABCEG（1分）
   ③8（1分）

2. ①项目负责人组织验收（1分）
   ②确认自检合格（1分）
   ③项目负责人组织验收（1分）
   ④总监理工程师、建设单位项目负责人（1分）

（3）不妥之处三：组织总监理工程师及建设单位、勘察单位、设计单位项目负责人进行地基基础分部验收。

理由：应组织建设、监理、勘察、设计及施工单位的项目负责人、技术质量负责人，共同按设计要求和有关规定进行。

【解题思路】考查地基基础分部工程的验收程序，属于程序考查，作为一名合格项目经理的必备能力就是程序控制，所以建造师备考，对于程序的掌握很重要。

3. 施工方进度控制的措施除组织措施外，还应有管理措施、经济措施和技术措施。

【解题思路】考查进度控制的"四大措施"，属于管理内容，实务科目中会有部分知识点是对公共课中内容的考查。

4. 施工单位索赔成立的工期为35日历天，费用为35万元。

（1）桩基施工时遇地下溶洞（地质勘探未探明），由此造成工期延误20日历天，补偿误工费20万元。工期和费用索赔成立。

理由：桩基施工时遇地下溶洞（地质勘探未探明）属于非施工单位原因造成的，由建设单位承担。

（2）施工至十层结构时，因商品混凝土供应迟缓，延误工期10日历天。施工至二十层结构时，建设单位要求将该层进行结构变更，又延误工期15日历天。施工单位向建设单位提交索赔报告，要求延长工期25日历天，补偿误工费25万元。商品混凝土供应迟缓，延误工期10日历天索赔不成立、费用不成立。结构变更延误工期15日历天索赔成立、费用索赔成立。

理由：商品混凝土供应迟缓工期索赔不成立，材料由施工单位自行采购，建设单位不负责索赔。建设单位要求设计变更可以索赔，索赔工期15日历天，补偿误工费15万元。

【解题思路】本题考查施工合同变更与索赔，属于每年必考的知识点，务必掌握工期和费用索赔成立的原则。

采分点

⑤组织总监及建设、勘察、设计单位项目负责人（1分）

⑥施工单位项目负责人（1分）

3. 管理、经济、技术（3分）

4. ①工期索赔成立、费用索赔成立（1分）

②非施工单位原因（2分）

③10日历天工期和费用不成立、15日历天工期费用索赔成立（2分）

④商品混凝土供应迟缓施工单位原因、变更费施工单位原因（2分）

【2017 真题·背景资料】

某建筑施工单位在新建办公楼工程项目开工前，按《建筑施工组织设计规范》（GB/T 50502—2009）规定的单位工程施工组织设计应包含的各项基本内容，编制了本工程的施工组织设计，经相应人员审批后报监理机构，在总监理工程师审批签字后按此组织施工。

在施工组织设计中，施工进度计划以时标网络图（时间单位：月）形式表示（如图 2-9 所示）。在第 8 个月末，施工单位对现场实际进度进行检查，并在时标网络图中绘制了实际进度前锋线，如图 2-9 所示。

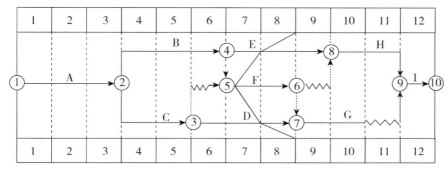

图 2-9　时标网络图

针对检查中所发现实际进度与计划进度不符的情况，施工单位均在规定时限内提出索赔意向通知，并在监理机构同意的时间内上报了相应的工期索赔资料。经监理工程师核实，工序 E 的进度偏差是因为建设单位供应材料原因所导致，工序 F 的进度偏差是因为当地政令性停工导致，工序 D 的进度偏差是因为工人返乡农忙原因导致。根据上述情况，监理工程师对三项工期索赔分别予以批复。

【问题】

1. 本工程的施工组织设计中应包含哪些基本内容？

2. 施工单位哪些人员具备审批单位工程施工组织设计的资格？

3. 写出网络图中前锋线所涉及各工序的实际进度偏差情况；如后续工作仍按原计划的速度进行，本工程的实际完工工期是多少个月？

4. 针对工序 E、工序 F、工序 D，分别判断施工单位上报的三项工期索赔是否成立，并说明相应的理由。

【参考答案】

1. 单位工程施工组织设计的基本内容：

（1）编制依据。

（2）工程概况。

（3）施工部署。

（4）施工进度计划。

（5）施工准备与资源配置计划。

（6）主要施工方法。

（7）施工现场平面布置。

（8）主要施工管理计划等。

【解题思路】本题考查单位工程施工组织设计基本内容，题目本身没有任何提示，属于纯简答，重在记忆，难度较大。

2. 施工单位技术负责人或其授权的技术人员具备审批单位工程施工组织设计的资格。

【解题思路】本题考查单位工程施工组织设计的管理，重在考查程序的控制。编制、审核、审批、交底、检查、归档的人员要求是常考点。审批是技术人员来做的，在这里容易错答为项目负责人。

3.（1）工序 E 实际进度拖后 1 个月；工序 F 实际进度拖后 2 个月；工序 D 实际进度拖后 1 个月。

（2）本工程的实际完工工期是 13 个月。

【解题思路】本题考查时标网络计划及前锋线的应用，一般考查进度分析、工期计算。

4.（1）工序 E 的索赔成立。

理由：工序 E 的进度偏差是因为建设单位供应材料原因所导致，属于建设单位原因，并且工序 E 在关键线路上，影响总工期，索赔成立。

（2）工序 F 索赔不成立。

理由：当工序 E 滞后 1 个月时，总工期已被延长到 13 个月，此时工序 F 滞后 2 个月，实际总工期不会超出 13 个月，所以工序 F 的工期索赔不能同时得到支持，故判定为不成立。

（3）工序 D 索赔不成立。

采分点

1. ①依据（1分）
②概况（1分）
③部署（1分）
④进度计划（1分）
⑤资源配置计划（1分）
⑥施工方法（1分）
⑦平面布置（1分）
⑧管理计划（1分）

2. 技术负责人、授权的技术人员（2分）

3. ①E拖后1个月（1分）
②F拖后2个月（1分）
③D拖后1个月（1分）
④工期13个月（1分）

4. ①成立（1分）
②建设单位原因、影响总工期（1分）
③不成立（1分）
④工序F滞后2个月并不影响总工期（1分）
⑤不成立（1分）
⑥施工单位原因、不影响总工期（1分）

理由：工人返乡农忙属于施工单位原因，并且此工作有 1 个月的总时差，拖后 1 个月不影响总工期，工期不能索赔。

【解题思路】本题属于进度与索赔相结合的典型考法，考查了网络计划时间参数在索赔中的应用。

模块二　质量和验收管理

➤ 考情分析

质量管理属于实务中的难点，理解性内容较多，相关知识点分布比较分散。质量管理案例的考查一般是技术、管理和法规标准的综合考查。技术内容在复习中要注意结合现场图片或视频学习，务必在理解的基础上记忆，管理部分注意程序的控制，法规标准注意数字规定。此部分常以补缺、改错题的形式进行考查。

➤ 知识点详解

知识点 1　土方工程施工技术

（1）土方工程施工前，应采取有效的地下水控制措施。基坑内地下水位应降至拟开挖下层土方的底面以下不小于 **0.5m**。

（2）基坑边缘堆置土方和建筑材料，或沿挖方边缘移动运输工具和机械，一般应距基坑上部边缘不少于 **2m**，堆置高度不应超过 **1.5m**。

知识点 2　基坑验槽与局部不良地基处理方法

一、验槽程序

（1）施工单位确认**自检合格**后提出验收申请。

（2）由**总监理工程师**或**建设单位项目负责人**组织**建设、监理、勘察、设计**及**施工单位**的项目负责人、技术质量负责人，共同按设计要求和有关规定进行。

（3）基槽满足设计要求及有关规定后，相关方履行验收手续；需要局部处理的部位由设计单位提出处理意见，施工单位处理后进行二次验收。

二、验槽的主要内容

（1）根据设计图纸检查基槽的开挖**平面位置、尺寸、槽底深度**，检查是否与设计图纸相符，开挖深度是否符合设计要求。

（2）仔细观察**槽壁、槽底土质类型、均匀程度**和有关异常土质是否存在，核对基坑土质及地下水情况是否与勘察报告相符。

（3）检查基槽之中是否有旧**建筑物基础、古井、古墓、洞穴、地下掩埋物**及**地下人防工程**等。

（4）检查基槽边坡外缘与附近建筑物的距离，基坑开挖对建筑物稳定是否有影响。

（5）天然地基验槽应检查核实分析**钎探资料**，对存在的异常点位进行复合检查。桩基应检测桩的质量是否合格。

知识点 3 混凝土预制桩、灌注桩的技术

泥浆护壁法钻孔灌注桩施工工艺流程为：场地平整→桩位放线→开挖浆池、浆沟→护筒埋设→钻机就位、孔位校正→成孔、泥浆循环、清除废浆、泥渣→第一次清孔→质量验收→下钢筋笼和钢导管→**第二次清孔**→浇筑水下混凝土→成桩。

一、水下混凝土浇筑

第一次浇筑混凝土必须保证底端能埋入混凝土中 **0.8～1.3m**，以后的浇筑中导管埋深宜为 **2～6m**。灌注桩桩顶标高至少要比设计标高高出 **0.8～1.0m**。

二、灌注桩混凝土强度检验试件留置

（1）每浇筑 50m³ 混凝土必须至少留置 1 组试件。

（2）当混凝土浇筑量不足 50m³ 时，每连续浇筑 12h 必须至少留置 1 组试件。

（3）对单柱单桩，每根桩应至少留置 1 组试件。

三、工程桩应进行承载力和桩身完整性检验

（1）设计等级为**甲级**或**地质条件复杂**时，应采用**静载试验**的方法对桩基承载力进行检验，检验桩数不应少于总桩数的 **1%**，且不应少于 **3 根**，当总桩数少于 **50 根**时，不应少于 **2 根**。在有经验和对比资料的地区，设计等级为**乙级**、**丙级**的桩基可采用**高应变法**对桩基进行竖向抗压承载力检测，检测数量不应少于总桩数的 **5%**，且不应少于 **10 根**。

（2）工程桩的桩身完整性的抽检数量**不应少于总桩数的 20%**，且不应少于 **10 根**。每根柱子承台下的桩抽检数量**不应少于 1 根**。

知识点 4 主体结构工程施工技术

一、钢筋混凝土结构工程施工技术

（一）模板工程

（1）对跨度**不小于 4m** 的现浇钢筋混凝土梁、板，其模板应按设计要求起拱；当设计无具体要求时，起拱高度应为跨度的 **1/1 000～3/1 000**。

【注意】起拱不得减少构件的截面高度。

（2）后浇带的模板及支架应**独立设置**。

（3）立柱接长严禁搭接，必须采用对接扣件连接，相邻两立柱的对接接头不得在同步内，且对接接头沿竖向错开的距离不宜小于 **500mm**。

（4）立杆的纵、横向间距应满足设计要求，立杆的步距不应大于 **1.8m**；顶层立杆步距应适当减小，且不应大于 **1.5m**。

（5）当混凝土强度达到设计要求时，方可拆除底模及支架；当设计无具体要求时，**同条件**养护试件的混凝土抗压强度应符合表 2-7 的规定。

表 2-7　底模拆除时的混凝土强度要求

构件类型	构件跨度（m）	达到设计的混凝土立方体抗压强度标准值的百分率（%）
板	≤2	≥50
	>2，≤8	≥75
	>8	≥100
梁、拱、壳	≤8	≥75
	>8	≥100
悬臂结构		≥100

（6）拆模之前必须要办理拆模申请手续，在同条件养护试块强度记录达到规定要求时，**技术负责人**方可批准拆模。

（二）钢筋工程

（1）钢筋进场时，应按下列规定检查性能及重量：

1）质量保证资料：**生产许可证证书**及钢筋的**质量证明文件**。

2）现场检查：钢筋的**外观**质量应符合国家现行有关标准的规定。

3）抽样复验：抽样检验**屈服强度**、**抗拉强度**、**伸长率**及**单位长度重量偏差**。

（2）钢筋配料：

1）直钢筋下料长度＝构件长度－保护层厚度＋弯钩增加长度。

2）弯起钢筋下料长度＝直段长度＋斜段长度－弯曲调整值＋弯钩增加长度。

3）箍筋下料长度＝箍筋周长＋箍筋调整值。

上述钢筋如需要搭接，还要增加钢筋搭接长度、对复杂节点部位宜做大样图后进行下料。钢筋构造图如图 2-10 所示。

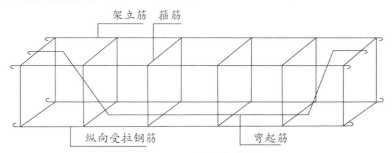

图 2-10　钢筋构造图

（3）钢筋代换原则见表 2-8。

表 2-8　钢筋代换原则

原则	适用条件
等强度	当构件配筋受**强度**控制时
等面积	当构件按**最小配筋率**配筋时，或**同钢号**钢筋之间的代换
当构件受裂缝宽度或挠度控制时，代换前后应进行裂缝宽度和挠度验算	

钢筋代换时，应征得**设计单位的同意**并办理相应设计变更文件。

（4）当采用冷拉调直时，光圆钢筋的冷拉率**不宜大于4%**，带肋钢筋的冷拉率**不宜大于1%**。

（三）混凝土工程

（1）当在使用中对水泥质量有怀疑或水泥出厂超过三个月（快硬硅酸盐水泥超过一个月）时，应进行**复验**，并应按复验结果使用。

（2）预应力混凝土结构、钢筋混凝土结构中，严禁使用**含氯化物的水泥**。预应力混凝土结构中严禁使用**含氯化物的外加剂**；钢筋混凝土结构中，当使用含有氯化物的外加剂时，混凝土中氯化物的总含量必须符合现行国家标准的规定。

（3）当坍落度损失较大不能满足施工要求时，可在运输车罐内加入适量的**与原配合比相同成分的减水剂**。

（4）填充后浇带，可采用**微膨胀**混凝土，强度等级比原结构强度**提高一级**，并保持至少**14d**的湿润养护。后浇带接缝处按施工缝的要求处理。

二、砌体结构工程施工技术

（1）现场拌制的砂浆应随拌随用，拌制的砂浆应在**3h内**使用完毕；当施工期间最高气温超过**30℃**时，应在**2h内**使用完毕。

（2）砂浆强度由边长为**7.07cm**的正方体试件，经过**28d**标准养护，测得**一组三块**的抗压强度值来评定。

（3）混凝土小型空心砌块砌体工程：

1）混凝土小型空心砌块分普通混凝土小型空心砌块和轻骨料混凝土小型空心砌块两种，其具体要求见表2-9。

表2-9　混凝土小砌块分类及要求

分类	要求
普通	**不需对小砌块浇水湿润**；但遇天气干燥炎热，宜在**砌筑前**对其喷水湿润
轻骨料	宜提前1～2d浇水湿润，雨天及小砌块表面有浮水时，不得用于施工

2）施工时采用的小砌块的产品龄期不应小于**28d**。

3）小砌块墙体应**孔对孔、肋对肋错缝搭砌**。单排孔小砌块的搭接长度应为块体长度的**1/2**；多排孔小砌块的搭接长度可适当调整，但不宜小于小砌块长度的**1/3**，且不应小于90mm。

4）小砌块应将生产时的**底面朝上反砌**于墙上。

（4）填充墙砌体砌筑，应在承重主体结构检验批验收合格后进行；填充墙顶部与承重主体结构之间的空隙部位，应在填充墙砌筑**14d**后进行砌筑。

知识点⑤　建筑工程质量验收

建筑工程质量验收规定，见表2-10。

表 2-10　质量验收组织规定

项目类型		组织者	参加者
检验批		专业监理工程师	(1) 施工单位项目专业质量检查员 (2) 专业工长
分项工程		专业监理工程师 (建设单位项目专业技术负责人)	施工单位项目专业技术负责人
分部工程	地基基础工程	总监理工程师 (建设单位项目负责人)	(1) 施工单位项目负责人 (2) 施工单位项目技术负责人 (3) 施工单位技术部门负责人 (4) 施工单位质量部门负责人 (5) 勘察单位项目负责人 (6) 设计单位项目负责人
	主体结构工程		(1) 施工单位项目负责人 (2) 施工单位项目技术负责人 (3) 施工单位技术部门负责人 (4) 施工单位质量部门负责人 (5) 设计单位项目负责人
	节能分部工程		(1) 施工单位项目负责人、项目技术负责人和相关专业的负责人、质量检查员、施工员 (2) 施工单位的质量或技术负责人 (3) 设计单位项目负责人及相关专业负责人 (4) 主要设备、材料供应商 (5) 分包单位负责人 (6) 节能设计人员
	一般分部工程		(1) 施工单位项目负责人 (2) 施工单位项目技术负责人
单位工程自检		施工单位组织	——
单位工程竣工预验收		总监理工程师	(1) 各专业监理工程师 (2) 施工单位项目负责人 (3) 施工单位项目技术负责人
单位工程竣工验收		建设单位项目负责人	(1) 监理单位项目负责人 (2) 施工单位项目负责人 (3) 设计单位项目负责人 (4) 勘察单位项目负责人

➤ 经典案例

【2022 真题·背景资料】

某办公楼工程，地下 1 层，地上 16 层，面积 18 000m²，基坑深度 6.5m，筏板基础，钢筋混凝土框架结构。混凝土等级：柱 C40，梁、板 C30。项目部进场后，制定了建筑材料采购计划，按规定对钢材、胶合板等材料核查备案证明，钢筋进场时，对抗拉强度等性能指标进行抽样检验。基坑开挖前，项目部编制了"基坑土方开挖方案"，内容包括：采取机械挖土、分层开挖到基底标高，做好地面和坑内排水，地下水水位低于开挖面500mm以下，施工单位确定地基间歇期为14天，过后按要求进行地基质量验收，监理工程师认为部分内容不妥，要求整改。

三层框架混凝土浇筑前，施工单位项目部会同相关人员检查验收了包括施工现场实施条件等混凝土浇筑前的相关工作，履行了报审手续。浇筑柱、梁、板节点处混凝土时，在距柱边300mm处，梁模板内采取了临时分隔措施并先行浇筑梁、板混凝土。监理工程师立即提出整改要求。室内装修工程完工后第3天，施工单位进行了质量验收工作。在二层会议室靠窗户集中设了5个室内环境监测点。检测值符合规范要求。

【问题】

1. 实行备案证明管理的建筑材料有哪些？钢筋进场需抽样检验的性能指标有哪些？

2. 指出土方开挖方案内容的不妥之处，并说明理由。

3. 混凝土浇筑前，施工现场检查验收的工作内容还有哪些？改正柱、梁、板节点混凝土浇筑中的不妥之处？

4. 指出施工单位室内环境质量验收中的不妥之处，并写出正确做法。

【参考答案】

1.（1）在我国，政府对大部分建材的采购和使用都有文件规定，各省市及地方建设行政管理部门对钢材、水泥、预拌混凝土、砂石、砌体材料、石材、胶合板实行备案证明管理。

（2）按照国家现行有关标准，钢筋进场需抽样检验的性能指标有屈服强度、抗拉强度、伸长率及单位长度重量偏差。

【解题思路】 本题考查建筑材料进场时需要提交的材料证明以及钢筋的性能指标，属于记忆型知识点，考生平时一定要加强记忆。

2.（1）不妥之处一：采取机械挖土、分层开挖到基底标高。

理由：施工过程中应采取减少基底土扰动的保护措施，机械挖土时，基底以上200～300mm厚土层应采用人工配合挖除。

（2）不妥之处二：施工单位确定地基间歇期为14天，过后按要求进行地基质量验收。

理由：地基施工结束，宜在一个间歇期后，进行质量验收，间歇期由设计确定。

【解题思路】 土方开挖、验槽、降排水等程序属于重点考查对象，考生平时务必加强记忆。

采分点
1. ①钢材、水泥、预拌混凝土等（写出三项即可，各1分）②屈服强度、抗拉强度、伸长率及单位长度重量偏差（各1分）
2. ①基底标高（1分）②基底以上200～300mm厚土层应采用人工配合挖除（1分）③间歇期为14天（1分）④间歇期由设计确定（1分）

3.（1）混凝土浇筑前，施工现场检查验收的工作还包括：①隐蔽工程验收和技术复核；②对操作人员进行技术交底；③应填报浇筑申请单，并经监理工程师签认。

（2）不妥之处一：浇筑柱、梁、板节点处混凝土，在距柱边 300mm 处，梁模板内采取了临时分隔措施。

正确做法：柱 C40，梁、板 C30，柱混凝土设计强度比梁、板混凝土设计强度高两个等级，应在交界区域采取分隔措施。分隔位置应在低强度等级的构件中，即在梁模板内采取临时分隔措施，但应在距柱边不小于 500mm 处。

不妥之处二：先行浇筑梁、板混凝土。

正确做法：宜先浇筑高强度等级的柱混凝土，后浇筑低强度等级的混凝土梁、板混凝土。

【解题思路】本题考查的是混凝土浇筑的相关规定，属于应知应会知识点。

4.（1）不妥之处一：室内装修工程完工后第 3 天，施工单位进行了质量验收工作。

正确做法：民用建筑工程及室内装修工程的室内环境质量验收，应在工程完工至少 7 天以后、工程交付使用前进行。

（2）不妥之处二：在二层会议室靠窗户集中设了 5 个室内环境监测点。

正确做法：民用建筑工程验收时，应抽检每个建筑单体有代表性的房间室内环境污染物浓度，抽检数量不得少于房间总数的 5%，每个建筑单体不得少于 3 间。房间总数少于 3 间时，应全数检测。

（3）不妥之处三：在二层会议室靠窗户集中设了 5 个室内环境监测点。

正确做法：检测点应均匀分布，避开通风道和通风口。当房间内有 2 个及以上检测点时，应采用对角线、斜线、梅花状均衡布点，并取各点检测结果的平均值作为该房间的检测值。

【解题思路】本题考查的是室内环境污染物浓度限量，属于对高频常规考点的考查，务必掌握。此外，不同污染物在不同条件下的检测方法不同，注意数字的对比记忆，一般在案例分析中易考查判断是非题。

采分点
3.①检查验收工作 3 项（3分）
②不妥之处、正确做法（2分）
4. 不妥之处、正确做法（写出两处即可，共4分）

【2021-Ⅱ真题·背景资料】

某新建住宅工程，建筑面积 1.5 万 m²，地下 2 层，地上 11 层，钢筋混凝土剪力墙结构。室内填充墙体采用蒸压加气混凝土砌块，水泥砂浆砌筑。室内卫生间采用聚氨酯防水涂料，水泥砂浆粘贴陶瓷饰面板。

一批 φ8 钢筋进场后，施工单位及时通知见证人员到场进行取样等见证工作，见证人员核查了检测项目等有关见证内容，要求这批钢筋单独存放，待验证资料齐全，完成其他进场验证工作后才能使用。

监理工程师审查"填充墙砌体施工方案"时，指出以下错误内容：砌块使用时，产品龄期不小于 14d；砌筑砂浆可现场人工搅拌；砌块使用时提前 2d 浇水湿润，卫生间墙体底部用灰砂砖砌 200mm 高坎台；填充墙砌筑可通缝搭砌；填充墙与主体结构连接钢筋采用化学植筋方式，进行外观检查验收。要求改正后再报。

卫生间装修施工中，记录有以下事项：穿楼板止水套管周围二次浇筑混凝土抗渗等级与原混凝土相同；陶瓷饰面板进场时检查放射性限量检测报告合格；地面饰面板与水泥砂浆结合层分段先后铺设；防水层、设备和饰面板层施工完成后，一并进行一次蓄水、淋水试验。

施工单位依据施工工程量等因素，按照一个检验批不超过 300m³ 砌体，单个楼层工程量较少时可多个楼层合并等原则，制订了填充墙砌体工程检验批计划，报监理工程师审批。

【问题】

1. 见证检测时，什么时间通知见证人员到场见证？见证人员应核查的见证内容是什么？该批进场验证不齐的钢筋还需完成什么验证工作才能使用？

2. 逐项改正填充墙砌体施工方案中的错误之处。

3. 指出卫生间施工记录中的不妥之处，写出正确做法。

4. 检验批划分的考虑因素有哪些？指出砌体工程检验批划分中的不妥之处，写出正确做法。

【参考答案】

1. （1）见证检测时，施工单位应在取样和送检前通知见证人员到场见证。

（2）见证人员应核查见证检测的检测项目、数量和比例是否满足有关规定。

（3）该批进场验证不齐的钢筋还需待资料补齐，监理验证合格后，按国家现行有关标准抽样检验屈服强度、抗拉强度、伸长率及单位长度重量偏差，复验合格后方可使用。

【解题思路】 本题考查的是材料检验见证与取样，根据背景资料中"要求这批钢筋单独存放"，可以判断出还需资料补齐及复验合格后才能使用。

采分点
1. ①取样和送检前（1分） ②检测项目、数量和比例（1分） ③抽样检验屈服强度、抗拉强度、伸长率及单位长度重量偏差，复验合格（2分）

2.（1）错误之处一：砌块使用时，产品龄期不小于 14d。

正确做法：砌筑填充墙时，蒸压加气混凝土砌块的产品龄期不应小于 28d。

（2）错误之处二：砌筑砂浆可现场人工搅拌。

正确做法：砌筑砂浆应采用机械搅拌。

（3）错误之处三：砌块使用时提前 2d 浇水湿润。

正确做法：蒸压加气混凝土砌块采用专用砂浆或普通砂浆砌筑时，应在砌筑当天对砌块砌筑面浇水湿润。

（4）错误之处四：卫生间墙体底部用灰砂砖砌 200mm 高坎台。

正确做法：在厨房、卫生间、浴室等处采用蒸压加气混凝土砌块砌筑墙体时，墙底部宜现浇混凝土坎台，其高度宜为 150mm。

（5）错误之处五：填充墙砌筑可通缝搭砌。

正确做法：蒸压加气混凝土砌块填充墙砌筑时应上下错缝，搭砌长度不宜小于砌块长度的 1/3，且不应小于 150mm。

（6）错误之处六：填充墙与主体结构连接钢筋采用化学植筋方式，进行外观检查验收。

正确做法：填充墙与主体结构连接钢筋采用化学植筋方式，需要进行钢筋拉拔试验检验。

【解题思路】填充墙砌体施工方案找不妥之处，大多数考查的是常规考点，但化学植筋的内容属于超纲内容，需要结合自身经验判断。砌筑填充墙时，蒸压加气混凝土砌块的产品龄期不应小于 28d。砂浆应采用机械搅拌。蒸压加气混凝土砌块采用专用砂浆或普通砂浆砌筑时，应在砌筑当天对砌块砌筑面浇水湿润。在厨房、卫生间、浴室等处采用蒸压加气混凝土砌块砌筑墙体时，墙底部宜现浇混凝土坎台，其高度宜为 150mm。蒸压加气混凝土砌块填充墙砌筑时应上下错缝，搭砌长度不宜小于砌块长度的 1/3，且不应小于 150mm。当填充墙与承重墙、柱、梁的连接钢筋采用化学植筋时，应进行实体检测。

采分点

2. ①产品龄期不小于 14d（1分）

②人工搅拌（1分）

③提前 2d 浇水湿润（1分）

④卫生间墙体底部用灰砂砖砌 200mm 高坎台（1分）

⑤通缝搭砌（1分）

⑥化学植筋方式，进行外观检查验收（1分）

3.（1）不妥之处一：穿楼板止水套管周围二次浇筑混凝土抗渗等级与原混凝土相同。

正确做法：二次埋置的套管，其周围混凝土抗渗等级应比原混凝土提高一级（0.2MPa），并应掺膨胀剂。

（2）不妥之处二：地面饰面板与水泥砂浆结合层分段先后铺设。

正确做法：结合层与板材应分段同时铺设。

（3）不妥之处三：防水层、设备和饰面板层施工完成后，一并进行一次蓄水、淋水试验。

正确做法：防水层施工完成后，应进行蓄水、淋水试验，观察无渗漏现象后交于下道工序，设备与饰面层施工完毕后还应进行第二次蓄水试验，达到最终无渗漏和排水畅通为合格，方可进行正式验收。

【解题思路】本题考查的是室内防水施工质量控制，属于对细节点的考查，结合一定实践经验，可列出不妥之处，得到部分分数。

4.（1）检验批划分的考虑因素有工程量、楼层、施工段、变形缝。

（2）不妥之处：按不超过300m³ 砌体的原则划分砌体结构工程检验批。

正确做法：砌体结构工程按不超过250m³ 砌体划分为一个检验批的规定进行划分。

【解题思路】检验批的划分为常规考点。砌体结构工程检验批的划分，属于对细节点的考查。

【2020真题·背景资料】

某新建商住楼工程，钢筋混凝土框架-剪力墙结构。地下1层，地上16层，建筑面积2.8万 m²。基础桩为泥浆护壁钻孔灌注桩。

项目部进场后，在泥浆护壁灌注桩钢筋笼作业交底会上，重点强调钢筋笼制作和钢筋笼保护层垫块的注意事项。要求钢筋笼分段制作，分段长度要综合考虑成笼的三个因素。钢筋保护层垫块，每节钢筋笼不少于2组。长度大于12m的中间加设1组。每组块数2块，垫块可自由分布。

采分点
3.①抗渗等级与原混凝土相同（1分） ②比原混凝土提高一级（0.2MPa），并应掺膨胀剂（1分） ③分段先后铺设（1分） ④分段同时铺设（1分） ⑤防水层、设备和饰面板层施工完成后，一并进行一次蓄水、淋水试验（1分） ⑥防水层施工完成后，应进行蓄水、淋水试验，设备与饰面层施工完毕后进行第二次蓄水试验（1分）
4.①工程量、楼层、施工段、变形缝（2分） ②按不超过300m³ 砌体的原则划分（1分） ③按不超过250m³ 砌体划分（1分）

在回填土施工前，项目部安排人员编制了回填土专项方案，包括：按设计和规范规定，严格控制回填土方的粒径和含水率。要求在土方回填前做好清除基底垃圾等杂物，按填方高度的5%预留沉降量等内容。

现场使用潜水泵抽水过程中，在抽水作业人员将潜水泵倾斜放入水中时，发现泵体根部防水型橡胶电缆老化，并有一处接头断裂，在重新连接处理好后继续使用。下午1时15分，抽水作业人员发现，潜水泵体已陷入污泥，在拉拽出水管时触电，经抢救无效死亡。

事故发生后，施工单位负责人在下午2时15分接到了现场项目经理事故报告，立即赶往事故现场，召集项目部全体人员分析事故原因，并于下午4时08分按照事故报告"应当及时，不得迟报"等原则，向事故发生地的县人民政府建设主管部门和有关部门报告。

【问题】

1. 写出灌注桩钢筋笼制作和安装综合考虑的三个因素。指出钢筋笼保护层垫块的设置数量及位置的不妥之处并说明正确做法。

2. 土方回填预留沉降量是否正确？并说明理由。土方回填前除清除基底垃圾外，还有哪些清理内容及相关工作？

3. 写出现场抽水作业人员的不妥之处，并说明正确做法。

4. 施工单位负责人事故报告时间是否正确？并说明理由。事故报告的原则除"应当及时，不得迟报"外还有哪些内容？

【参考答案】

1.（1）钢筋笼宜分段制作，分段长度视成笼的整体刚度、材料长度、起重设备的有效高度三因素综合考虑。

【解题思路】对常规考点的考查，多记忆即可。

（2）不妥之处一：每组块数2块。

正确做法：每组块数不得小于3块。

不妥之处二：垫块可自由分布。

正确做法：垫块应均匀分布在同一截面的主筋上。

【解题思路】此类问题一定要把不妥之处列出，即使正确做法没有作答也可以得分。

> **采分点**
>
> 1. ①整体刚度、材料长度、起重设备的有效高度（各1分，共3分）
> ②不妥之处、正确做法（各1分，共4分）

2.（1）土方回填预留沉降量不正确。

正确做法：填方应按设计要求预留沉降量，一般不超过填方高度的3%。

（2）土方回填前应清除基底的垃圾、树根等杂物，抽除积水，挖出淤泥，验收基底高程。

【解题思路】此类问题一定要把不正确之处列出，即使正确做法没有作答也可以得分。

3.（1）不妥之处一：抽水作业人员将潜水泵倾斜放入水中。

正确做法：潜水泵在水中应直立放置。

（2）不妥之处二：发现泵体根部防水型橡胶电缆老化，并有一处接头断裂。

正确做法：潜水泵的电源线应采用防水型橡胶电缆，并不得有接头。

（3）不妥之处三：潜水泵体已陷入污泥。

正确做法：潜水泵不得陷入污泥或露出水面。

（4）不妥之处四：在拉拽出水管时触电。

正确做法：放入水中或提出水面时应提拉系绳，禁止拉拽电缆或出水管，并应切断电源。

【解题思路】此类问题一定要把不妥之处列出，即使正确做法没有作答也可以得分。

4.（1）施工单位负责人事故报告时间不正确。

理由：事故发生后，事故现场有关人员应当立即向施工单位负责人报告；施工单位负责人接到报告后，应当于1h内向事故发生地县级以上人民政府建设主管部门和有关部门报告。

（2）事故报告还应当准确、完整，任何单位和个人对事故不得漏报、谎报或者瞒报。

【解题思路】事故报告的程序和时间要求，是考生需要掌握的重点，需要加强记忆。

采分点

2. ①不正确（1分）
②按设计要求预留沉降量，一般不超过填方高度的3%（1分）
③清除基底的垃圾、树根等杂物，抽除积水，挖出淤泥，验收基底高程（2分）

3. 不妥之处、正确做法答出三处即可（各1分，共3分）

4. ①不正确（1分）
②事故现场有关人员应当立即向施工单位负责人报告；施工单位负责人接到报告后，应当于1h内向事故发生地县级以上人民政府建设主管部门和有关部门报告（1分）
③准确、完整，不得漏报、谎报或者瞒报（1分）

【2019 真题·背景资料】

某办公楼工程，建筑面积 2 400m²，地下 1 层，地上 12 层，筏板基础，钢筋混凝土框架结构，砌筑工程采用蒸压灰砂砖砌体。建设单位依据招投标程序选定了监理单位及施工总承包单位并约定部分工作允许施工总承包单位自行分包。

施工总承包单位进场后，项目质量总监组织编制了项目检测试验计划，经施工企业技术部门审批后实施。建设单位指出检测试验计划编制与审批程序错误，要求项目部调整后重新报审。第一批钢筋原材到场，项目试验员会同监理单位见证人员进行见证取样，对钢筋原材相关性能指标进行复检。

本工程混凝土设计强度等级：梁板均为 C30，地下部分框架柱为 C40，地上部分框架柱为 C35。施工总承包单位针对梁柱核心区（梁柱节点部位）混凝土浇筑制定了专项技术措施，拟采取竖向结构与水平结构连续浇筑的方式：地下部分梁柱核心区中，沿柱边设置隔离措施，先浇筑框架柱及隔离措施内的 C40 混凝土，再浇筑隔离措施外的 C30 梁板混凝土；地上部分，先浇筑柱 C35 混凝土至梁柱核心区底面梁底标高处，梁柱核心区与梁、板一起浇筑 C30 混凝土。针对上述技术措施，监理工程师提出异议，要求修正其中的错误和补充必要的确认程序，现场才能实施。

工程完工后，施工总承包单位自检合格，再由专业监理工程师组织了竣工预验收。根据预验收所提出问题施工单位整改完毕，总监理工程师及时向建设单位申请工程竣工验收，建设单位认为程序不妥拒绝验收。

项目通过竣工验收后，建设单位、监理单位、设计单位、勘察单位、施工总承包单位与分包单位会商竣工资料移交方式，建设单位要求各参建单位分别向监理单位移交资料，监理单位收集齐全后统一向城建档案馆移交，监理单位以不符合程序为由拒绝。

【问题】

1. 针对项目检测试验计划编制、审批程序存在的问题，给出相应的正确做法。钢筋原材的复检项目有哪些？

2. 针对混凝土浇筑措施监理工程师提出的异议，施工总承包单位应修正和补充哪些措施和确认？

3. 指出竣工验收程序有哪些不妥之处？并写出相应正确做法。

4. 针对本工程的参建各方，写出正确的竣工资料移交程序。

【参考答案】

1. (1) 存在问题一：施工总承包单位进场后，项目质量总监组织编制了项目检测试验计划。

正确做法：施工检测试验计划应在工程施工前由施工项目技术负责人组织有关人员编制。

存在问题二：经施工企业技术部门审批后实施。

正确做法：应报送监理单位进行审查和监督实施。

(2) 钢筋进场时，应按国家现行有关标准抽样检验其屈服强度、抗拉强度、伸长率及单位长度重量偏差。

【解题思路】 此类问题一定要把不妥之处写出，即使正确做法没有作答正确也可以得一分。

2. (1) 地下部分应修正补充的措施：柱、墙混凝土设计强度比梁、板混凝土设计强度高两个等级及以上时，应在交界区域采取分隔措施。分隔位置应在低强度等级的构件中，且距高强度等级构件边缘不应小于 500mm。

(2) 地上部分应补充确认的程序：柱、墙位置梁、板高度范围内的混凝土采用与梁、板混凝土设计强度等级相同的混凝土进行浇筑，需经设计单位同意。

【解题思路】 混凝土知识是考生需掌握的重点，平时一定要加强对知识的理解和记忆。

3. (1) 不妥之处一：专业监理工程师组织了竣工预验收。

正确做法：应由总监理工程师组织各专业监理工程师对工程质量进行竣工预验收。

(2) 不妥之处二：总监理工程师及时向建设单位申请工程竣工验收。

正确做法：预验收通过后，由施工单位向建设单位提交工程竣工报告。

【解题思路】 考查工程的验收。预验收是总监理工程师组织。竣工验收是施工单位向建设单位提交竣工报告，建设单位组织竣工验收。

采分点

1. ①施工项目技术负责人编制（2分）
②报送监理单位进行审查和监督实施（2分）
③屈服强度、抗拉强度、伸长率、单位长度重量偏差（各1分）

2. ①分隔位置应在低强度等级的构件中（2分）
②需经设计单位同意（2分）

3. ①总监理工程师组织（2分）
②施工单位向建设单位提交工程竣工报告（2分）

4. 工程竣工资料移交的程序是：

（1）施工单位应向建设单位移交施工资料。

（2）实行施工总承包的，各专业承包单位应向施工总承包单位移交施工资料。

（3）监理单位应向建设单位移交监理资料。

（4）建设单位应按国家有关法规和标准规定向城建档案管理部门移交工程档案，并办理相关手续。有条件时，向城建档案管理部门移交的工程档案应为原件。

【解题思路】 竣工验收是每年常考的知识点，需要在理解的基础上多记忆。

> **采分点**
>
> 4. 施工单位向建设单位移交；各专业承包单位向施工总承包单位移交；监理单位向建设单位移交；建设单位向城建档案管理部门移交，并办理相关手续（共4分）

【2018 真题·背景资料】

某写字楼工程，建筑面积 8 640m²，建筑高度 40m，地下 1 层，基坑深度 4.5m，地上 11 层，钢筋混凝土框架结构。

施工单位中标后组建了项目部，并与项目部签订了项目目标管理责任书。

基坑开挖前，施工单位委托具备相应资质的第三方对基坑工程进行现场监测，监测单位编制了检测方案，经建设方、监理方认可后开始施工。

项目部进行质量检查时，发现现场安装完成的木模板内有铅丝及碎木屑，责令项目部进行整改。

隐蔽工程验收合格后，施工单位填报了浇筑申请单，监理工程师签字确认。施工班组将水平输送泵管固定在脚手架小横杆上，采用振动棒倾斜于混凝土内由近及远、分层浇筑，监理工程师发现后责令停工整改。

【问题】

1. 施工单位应根据哪些因素组建项目部？

2. 本工程在基坑检测管理工作中有哪些不妥之处？并说明理由。

3. 混凝土浇筑前，项目部应对模板分项工程进行哪些检查？

4. 在浇筑混凝土工作中，施工班组的做法有哪些不妥之处？并说明正确做法。

【参考答案】

1. 项目管理组织机构形式应根据施工项目的规模、复杂程度、专业特点、人员素质和地域范围确定。

【解题思路】 考查施工部署的内容，难度较大，注意对此部分内容的记忆。

2. （1）不妥之处一：基坑开挖前，施工单位委托具备相应资质的第三方对基坑工程进行现场检测。

理由：基坑工程施工前，应由建设方委托具备相应资质第三方对基坑工程实施现场检测。

（2）不妥之处二：经建设方、监理方认可后开始施工。

> **采分点**
>
> 1. 规模、复杂程度、专业特点、素质、范围（5分）
>
> 2. ①施工单位委托（1分）
> ②建设方委托（1分）

理由：监测单位应编制监测方案，经建设方、设计方、监理方等认可后方可实施。

【解题思路】考查岩土工程与基坑监测技术。现场检测应该由建设单位去委托第三方进行。

3. 项目部应对模板分项工程进行下列检查：模板安装时接缝应严密；模板内不应有杂物、积水或冰雪等；模板与混凝土的接触面应平整、清洁；用作模板的地坪、胎模等应平整、清洁，不应有影响构件质量的下沉、裂缝、起砂或起鼓；对清水混凝土及装饰混凝土构件，应使用能达到设计效果的模板。

【解题思路】考查混凝土结构工程施工质量验收的有关规定。模板工程施工质量控制要点是常规考点。

4. （1）不妥之处一：施工班组将水平输送泵管固定在脚手架小横杆上。

正确做法：输送泵管应采用支架固定，支架应与结构牢固连接，输送泵管转向处支架应加密。

（2）不妥之处二：采用振动棒倾斜于混凝土内由近及远、分层浇筑。

正确做法：振动棒应垂直于混凝土表面由远及近进行浇筑。

【解题思路】考查钢筋混凝土结构工程施工技术。混凝土工程施工技术的质量控制是案例考查的重点内容，从混凝土的搅拌运输、施工、浇筑和养护等几个方面去掌握。

采分点

③经建设方、监理方认可（1分）
④设计方（2分）

3. 接缝、杂物、平整（6分）

4. ①固定在脚手架小横杆上（1分）
②支架固定（1分）
③由近及远（1分）
④由远及近（1分）

模块三　安全管理

➤ 考情分析

安全管理是建筑实务案例考查的一大重点，一般结合安全管理法规考查安全技术措施，文字记忆性内容较多，经常以改错或问答题的形式来考查。此部分脚手架和模板工程容易考查识图题。

➤ 知识点详解

知识点 1 基坑工程安全管理

一、地下水的控制方法

地下水的控制方法主要有**集水明排、真空井点降水、喷射井点降水、管井降**

水、截水和回灌等。

二、基坑施工的安全应急措施

基坑施工的安全应急措施，见表 2-11。

表 2-11　基坑施工的安全应急措施

现象		应急措施
渗水或漏水		坑底设沟排水、引流修补、密实混凝土封堵、压密注浆、高压喷射注浆等方法【记忆】导＋堵
水泥土墙等重力式支护结构	位移超过设计估计值	做好位移监测，掌握发展趋势
	位移持续发展，超过设计估计值较多	水泥土墙背后卸载、加快垫层施工及垫层加厚和加设支撑等方法
悬臂式支护结构	发生位移	加设支撑或锚杆、支护墙背卸土等方法
	深层滑动	及时浇筑垫层，必要时也可加厚垫层
支撑式支护结构发生墙背土体沉陷		增设坑内降水设备降低地下水、进行坑底加固、垫层随挖随浇、加厚垫层或采用配筋垫层、设置坑底支撑
轻微的流沙现象		加快垫层浇筑或加厚垫层
管涌		支护墙前再打设一排钢板桩，在钢板桩与支护墙间进行注浆

知识点 ② 脚手架工程安全管理

【记忆方法】一般脚手架安全控制要点由上到下、由内到外。

脚手架示意图如图 2-11 所示。

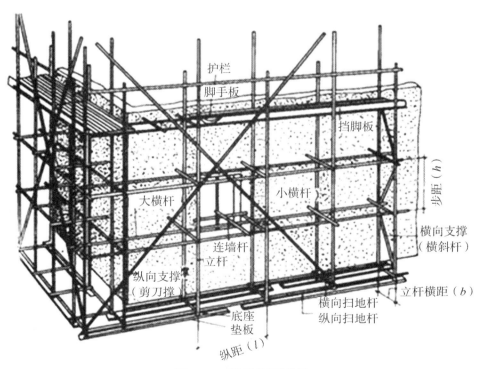

图 2-11　脚手架示意图

一、脚手架搭设高度要求

单排脚手架搭设高度不应超过 **24m**；双排脚手架搭设高度不宜超过 **50m**。高度超过 50m 的双排脚手架，应采用**分段搭设**的措施，单排和双排脚手架如图 2-12 所示。

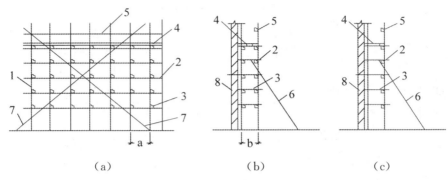

（a）　　　　　　　（b）　　　　　　（c）

（a）立面；（b）侧面（双排）；（c）侧面（单排）

1—立杆；2—大横杆；3—小横杆；4—脚手板；5—栏杆；

6—抛撑；7—斜撑（剪刀撑）；8—墙体

图 2-12　单排和双排脚手架

二、基础要求

脚手架立杆基础不在同一高度上时，必须**将高处的纵向扫地杆向低处延长两跨**与立杆固定，高低差不应大于 **1m**。靠边坡上方的立杆轴线到边坡的距离不应小于 500mm，其构造如图 2-13 所示。

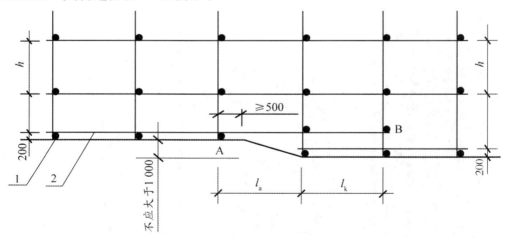

1—横向扫地杆；2—纵向扫地杆

图 2-13　纵、横向扫地杆构造

三、扫地杆要求

脚手架必须设置纵、**横向扫地杆**。纵向扫地杆应采用直角扣件固定在距底座上皮不大于 **200mm** 处的立杆上，横向扫地杆亦应采用直角扣件固定在紧靠纵向扫地杆下方的立杆上，如图 2-14 所示。**【横下纵上】**

46

图 2-14 纵、横向扫地杆

四、剪刀撑要求

剪刀撑要求见表 2-12，剪刀撑构造如图 2-15 所示。

表 2-12 脚手架剪刀撑要求规定

高度	脚手架类型	剪刀撑	剪刀撑斜杆
＜24m	单排或双排	立面两端 （中间各道剪刀撑之间的净距不应大于 **15m**）	剪刀撑斜杆与地面的倾角应在 **45°～60°** 之间
≥24m	双排	外侧全立面连续设置	

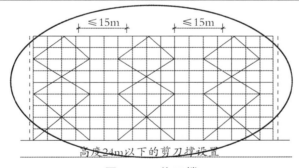

图 2-15 剪刀撑

五、连墙件要求

连墙件要求见表 2-13。

表 2-13 脚手架连墙件要求规定

高度	脚手架类型	连墙件	
＜24m	单排或双排	宜刚性 （严禁仅有拉筋的柔性连墙件）	3 步 3 跨
24m～50m	双排	必须刚性	
＞50m	双排、分段搭设		2 步 3 跨

开口型脚手架的两端必须设置连墙件，连墙件的垂直间距不应大于建筑物的层高，并不应大于 4m。

六、杆件连接要求

单、双排脚手架与满堂脚手架立杆接长，除顶层顶步外，其余各层各步接头必须采用对接扣件连接。

知识点 ③ 模板工程安全管理

扫码听课

一、模板设计

（一）模板设计依据

模板工程施工前，应根据**工程设计图纸、现场条件、混凝土结构施工与验收规范**以及有关的**模板安全技术规范**进行模板设计。

（二）模板设计的内容

主要包括**模板面、支撑系统**及**连接配件**等的设计。

二、现浇混凝土工程模板支撑系统的选材及安装要求

（1）立柱底部应设置**木垫板**，禁止使用**砖及脆性材料**铺垫。当支承在地基上时，应验算地基土的承载力。

（2）立柱接长**严禁搭接**，必须采用**对接**扣件连接，相邻两立柱的对接接头不得在同步内，且对接接头沿竖向错开的距离**不宜小于 500mm**，各接头中心距主节点不宜大于步距的 1/3。严禁将上段的钢管立柱与下段钢管立柱错开固定在水平拉杆上。

（3）为保证立柱的整体稳定，在安装立柱的同时，应加设**水平拉结和剪刀撑**。

（4）水平拉杆要求：

1）当层高在 **8～20m** 时，在最顶步距两水平拉杆中间应加设一道水平拉杆。

2）当层高**大于 20m** 时，在最顶两步距水平拉杆中间应分别增加一道水平拉杆。

3）所有水平拉杆的端部均应与四周建筑物顶紧顶牢。无处可顶时，应于水平拉杆端部和中部沿竖向设置连续式剪刀撑。

（5）拆模要求：

1）拆模之前必须要办理拆模申请手续，在**同条件养护试块强度**记录达到规定要求时，**技术负责人**方可批准拆模。

2）承重模板，应在与结构同条件养护的试块强度达到规定要求时，方可拆除。

3）后张预应力混凝土结构底模必须在预应力**张拉完毕后**，才能进行拆除。

4）模板拆除应**分段进行**，严禁成片撬落或成片拉拆。

知识点 ④ 垂直运输机械安全管理

（1）塔吊在安装和拆卸之前必须针对其类型特点，说明书的技术要求，结合作业条件制定详细的**施工方案**。

（2）塔吊的安装和拆卸作业必须由**取得相应资质的专业队伍**进行，安装完毕经验收合格之日起 30 日内，由使用单位向工程所在地县级以上地方人民政府建设主管部门办理建筑起重机械使用登记。

（3）行走式塔吊的路基和轨道的铺设，必须严格按照其说明书的规定进行；固定式塔吊的基础施工应按设计图纸进行，其**设计计算和施工详图**应作为塔吊专

项施工方案内容之一。

（4）塔吊的**力矩限制器**，超高、变幅、行走限位器，**吊钩保险**，**卷筒保险**，**爬梯护圈**等安全装置必须齐全、灵敏、可靠。

（5）施工现场多塔作业时，塔机间应保持安全距离，以免作业过程中发生碰撞。

（6）遇有风速在 12m/s（或六级）及以上大风、大雨、大雪、大雾等恶劣天气，应停止作业，将吊钩升起。行走式塔吊要夹好轨钳。雨雪过后，应先经过试吊，确认制动器灵敏可靠后方可进行作业。

（7）在吊物载荷达到额定载荷的 90% 时，应先将吊物吊离地面 200～500mm 后，检查机械状况、制动性能、物件绑扎情况等，确认无误后方可起吊。对有晃动的物件，必须拴拉溜绳使之稳固。

知识点 ⑤ 安全检查评定等级

安全检查评定等级见表 2-14。

表 2-14 安全检查评定等级

等级	原则
优良	分项检查评分表无零分，汇总表得分值≥80 分
合格	分项检查评分表无零分，70≤汇总表得分值＜80 分
不合格	（1）当汇总表得分值＜70 分时 （2）当有一分项检查评分表为零时

知识点 ⑥ 安全专项施工方案

安全专项施工方案编制审核流程如图 2-16 所示。

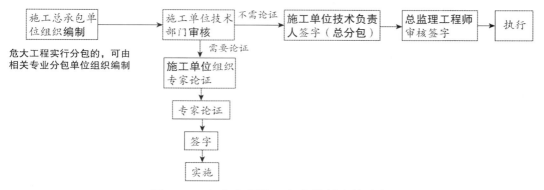

图 2-16 安全专项施工方案编制审核流程

知识点 ⑦ 安全事故等级、报告及处理原则

一、安全事故等级划分

安全事故等级划分见表 2-15。

表 2-15 安全事故等级划分

类别	死亡人数	重伤人数	直接经济损失
特别重大	≥30	≥100	≥1 亿

续表

类别	死亡人数	重伤人数	直接经济损失
重大	$10 \leqslant X < 30$	$50 \leqslant X < 100$	5 000万$\leqslant X <$1亿
较大	$3 \leqslant X < 10$	$10 \leqslant X < 50$	1 000万$\leqslant X <$5 000万
一般	< 3	< 10	$<$1 000万

二、安全事故报告的期限

事故发生后，事故现场有关人员应当立即向施工单位负责人报告；**施工单位负责人接到报告后，应当于 1h 内向事故发生地县级以上人民政府建设主管部门和有关部门报告。**

三、安全事故报告的内容

（1）事故发生的时间、地点和工程项目、有关单位名称。

（2）事故的简要经过。

（3）事故已经造成或者可能造成的伤亡人数（包括下落不明的人数）和初步估计的直接经济损失。

（4）事故的初步原因。

（5）事故发生后采取的措施及事故控制情况。

（6）事故报告单位或报告人员。

（7）其他应当报告的情况。

> ### ➤ 经典案例

【2021-Ⅰ真题·背景资料】

某教学楼位于市区居民小区旁，地下 1 层，地上 4 层，建筑面积 22 万 m^2，基础形式为混凝土筏板基础，主体结构为钢筋混凝土框架结构，混凝土强度等级 C30，其内有一阶梯教室，最大跨度 16m，室内结构净高 4.5～10.8m。

事件一：施工单位编制了混凝土模板支撑架工程专项施工方案，并报总监理工程师审批后实施。架体搭设完成后，施工单位项目技术负责人、专项施工方案编制人员、专职安全管理人员和监理工程师进行了验收。

事件二：某日 22：30，市城管执法人员接到群众举报，工地内有产生噪声污染的施工作业，严重影响周边居民的休息。城管执法人员经调查取证后了解到，噪声源为地下室基础底板混凝土浇筑施工，在施工现场围墙处测得噪声为 68.5dB，施工单位办理了夜间施工许可证，并在附近居民区进行了公告。

事件三：某日上午，施工单位在阶梯教室内拆除模板作业时，因工人操作不当，导致模板支撑架坍塌，造成 3 人死亡、2 人重伤，直接经济损失 580 万元，后经调查，拆模工人是当天临时进场，没有参加班前教育培训活动，直接进入现场进行拆除作业，没有系安全带，有工人穿皮鞋工作。

事件四：在主体实体检验时，首层结构有两根柱子的混凝土强度等级为 C28。

【问题】

1. 指出事件一中的错误做法，并说明理由。

2. 事件二中，基础底板混凝土浇筑行为是否违法？说明理由。

3. 事件三中，判断该起安全事故等级，并说明理由。在该起生产安全事故中，针对进场拆模工人，施工单位项目部有哪些安全责任未落实？

4. 事件四中，混凝土强度等级为 C28 的柱子按照规范该如何处理？

【参考答案】

1.（1）错误做法一：施工单位编制的专项施工方案报总监理工程师审批后实施。

理由：室内结构净高 4.5～10.8m，混凝土模板支撑架工程搭设高度存在大于等于 8m 的情况，属于超过一定规模的危险性较大的分部分项工程范围，所以其专项施工方案需要组织专家论证。专家论证前，专项施工方案应当通过施工单位审核和总监理工程师审查。

（2）错误做法二：专项施工方案编制人员、专职安全管理人员和监理工程师进行了验收。

理由：验收人员包括施工单位技术负责人或授权委派的专业技术人员、项目负责人、项目技术负责人、专项施工方案编制人员、项目专职安全生产管理人员及相关人员，监理单位项目总监理工程师及专业监理工程师，有关勘察、设计和监测单位项目技术负责人。

【解题思路】本题考查的是专项施工方案的审批及危大工程验收人员，均属于高频重点内容。

2. 基础底板混凝土浇筑行为违法。

理由：建筑施工过程中，场界环境噪声不得超过《建筑施工场界环境噪声排放标准》，夜间施工场界噪声限值为 55dB。施工现场环境噪声为 68.5dB，大于 55dB。

【解题思路】本题考查夜间施工相关规定，属于应知应会的知识点。

采分点

1. ①施工单位编制专项施工方案并报总监理工程师审批后实施（1分）

②搭设高度存在超过 8m 的情况，属于超过一定规模的危险性较大的分部分项工程，需组织专家论证（1分）

③专家论证前专项施工方案应当通过施工单位审核和总监理工程师审查（1分）

④专项施工方案编制人员、专职安全管理人员和监理工程师进行了验收（1分）

⑤危大工程验收人员（3分）

2. ①基础底板混凝土浇筑行为违法（1分）

②夜间施工场界噪声限值为 55dB（1分）

3.（1）该起安全事故等级为较大事故。

理由：较大事故，是指造成 3 人以上 10 人以下死亡，或者 10 人以上 50 人以下重伤，或者 1 000 万元以上 5 000 万元以下直接经济损失的事故。

（2）企业新员工上岗前必须进行三级安全教育，企业新员工须按规定通过三级安全教育和实际操作训练，并经考核合格后方可上岗。企业新上岗的从业人员，岗前培训时间不得少于 24 学时。

【解题思路】 本题考查安全事故等级的判断、三级安全教育，属于与公共科目交叉的内容。在复习过程中，对此类内容应稍作关注。

4. C28 没有达到设计混凝土强度 C30 的要求。当混凝土结构施工质量不符合要求时，应按下列规定进行处理：①经返工、返修或更换构件、部件的，应重新进行验收；②经有资质的检测机构按国家现行相关标准检测鉴定达到设计要求的，应予以验收；③经有资质的检测机构按国家现行相关标准检测鉴定达不到设计要求，但经原设计单位核算并确认仍可满足结构安全和使用功能的，可予以验收；④经返修或加固处理能够满足结构可靠性要求的，可根据技术处理方案和协商文件进行验收。

【解题思路】 本题考查混凝土结构施工质量不符合要求时的处理原则，属于低频考点，但有助于指导实践。

采分点
3.①安全事故等级为较大事故（1分）
②较大事故，是指造成 3 人以上 10 人以下死亡，或者 10 人以上 50 人以下重伤，或者 1 000 万元以上 5 000 万元以下直接经济损失的事故（2分）
③三级安全教育，实际操作训练，并经考核合格后方可上岗。岗前培训时间不得少于 24 学时（2分）
4.①C28 没有达到设计混凝土强度 C30 的要求（1分）
②当混凝土结构施工质量不符合要求时的 4 个具体处理规定（4分）

【2020 真题·背景资料】

某住宅楼工程，地下 2 层，地上 20 层，建筑面积 2.5 万 m²，基坑开挖深度 7.6m，地上二层以上为装配式混凝土结构，某施工单位中标后组建项目部组织施工。

基坑施工前，施工单位编制了《××工程基坑支护方案》，并组织召开了专家论证会，参建各方项目负责人及施工单位项目技术负责人、生产经理、部分工长参加了会议，会议期间，总监理工程师发现施工单位没有按规定要求的人员参会，要求暂停专家论证会。

预制墙板吊装前，工长对施工班组进行了预制墙板吊装工艺流程交底，内容包括从基层处理、测量到摘钩、堵缝、灌浆全过程，最初吊装的两块预制墙板间留有"一"形后浇节点，该后浇节点和叠合楼层板混凝土一起浇筑。

公司相关部门对该项目日常管理检查时发现：进入楼层的临时消防竖管直径75mm，隔层设置一个出水口，平时作为施工用取水点；二级动火作业申请表由工长填写，生产经理审查批准；现场污水排放手续不齐，不符合相关规定。上述一些问题要求项目部整改。

根据合同要求，工程城建档案归档资料由项目部负责整理后提交建设单位，项目部在整理归档文件时，使用了部分复印件，并对重要的变更部位用红色墨水修改，同时对纸质档案中没有记录的内容在提交的电子文件中给予补充，在档案预验收时，验收单位提出了整改意见。

【问题】

1. 施工单位参加专家论证会议的人员还应有哪些？

2. 预制墙板吊装工艺流程还有哪些主要工序？后浇节点还有哪些形式？

3. 项目日常管理行为有哪些不妥之处？并说明正确做法。如何办理现场污水排放的相关手续？

4. 指出项目部在整理归档文件时的不妥之处，并说明正确做法。

【参考答案】

1. 施工单位参加专家论证会议的人员还有：施工单位分管安全的负责人、技术负责人、项目负责人、专项方案编制人员、项目专职安全生产管理人员。

【解题思路】专家论证会议人员是考生需要掌握的重点，平时一定要加强记忆。

2. （1）预制墙板吊装工艺流程还有：预制墙体起吊、下层竖向钢筋对孔、预制墙体就位、安装临时支撑、预制墙体校正、临时支撑固定。

（2）后浇节点还有 L 形、T 形。

【解题思路】需结合预制构件进场、存放及套筒灌浆等知识，在理解的基础上作答。

> **采分点**
>
> 1. 施工单位分管安全的负责人、技术负责人、项目负责人、专项方案编制人员、项目专职安全生产管理人员（5 分）
>
> 2. ①预制墙体起吊、下层竖向钢筋对孔、预制墙体就位、安装临时支撑、预制墙体校正、临时支撑固定（写出四项即可，4 分）
>
> ②L 形、T 形（1 分）

3.（1）项目日常管理行为不妥之处有：

不妥之处一：进入楼层的临时消防竖管直径 75mm，隔层设置一个出水口，平时作为施工用取水点。

正确做法：应每层设置一个出水口，严禁消防竖管作为施工用水管线。

不妥之处二：二级动火作业申请表由工长填写，生产经理审查批准。

正确做法：二级动火作业申请表由项目责任工程师填写，报项目安全管理部门和项目负责人审查批准后，方可动火。

（2）施工现场污水排放要与所在地县级以上人民政府市政管理部门签署污水排放许可协议，申领《临时排水许可证》。

【解题思路】临时消防竖管、动火作业、施工现场污水排放是考生需要掌握的重点，平时一定要加强记忆。

4.（1）不妥之处一：项目部在整理归档文件时，使用了部分复印件，并对重要的变更部位用红色墨水修改。

正确做法：归档的工程文件应为原件，工程文件应采用碳素墨水、蓝黑墨水等耐久性强的书写材料，不得使用红色墨水、纯蓝墨水、圆珠笔、复写纸、铅笔等易褪色的书写材料。

（2）不妥之处二：同时对纸质档案中没有记录的内容在提交的电子文件中给予补充。

正确做法：归档的建设工程电子文件的内容必须与其纸质档案一致。

【解题思路】文件归档是考生需要掌握的重点，平时一定要加强记忆。

采分点

3.①写出不妥之处、正确做法（各 1 分，共 4 分）

②与市政管理部门签署污水排放许可协议，申领《临时排水许可证》（2 分）

4.写出不妥之处、正确做法（各 1 分，共 4 分）

【2019 真题·背景资料】

某住宅工程，建筑面积 21 600m²，基坑开挖深度 6.5m，地下 2 层，地上 12 层，筏板基础，现浇钢筋混凝土框架结构。工程场地狭小，基坑上口北侧 4m 处有 1 栋 6 层砖混结构住宅楼，东侧 2m 处有一条埋深 2m 的热力管线。

工程由某总承包单位施工，基坑支护由专业分包单位承担。基坑支护施工前，专业分包单位编制了基坑支护专项施工方案，分包单位技术负责人审批签字后，报总承包单位备案并直接上报监理单位审查，总监理工程师审核通过。随后分包单位组织了3名符合相关专业要求的专家及参建各方相关人员召开论证会，形成论证意见："方案采用土钉喷护体系基本可行，需完善基坑监测方案，修改完善后通过"。分包单位按论证意见进行修改后拟按此方案实施，但被建设单位技术负责人以不符合相关规定为由要求整改。

主体结构施工期间，施工单位安全主管部门进行施工升降机安全专项检查，对该项目升降机的限位装置、防护设施、安装、验收与使用等保证项目进行了全数检查，均符合要求。

施工过程中，建设单位要求施工单位在三层进行了样板间施工，并对样板间室内环境污染物浓度进行检测，检测结果合格；工程交付使用前对室内环境污染物浓度检测时，施工单位以样板间已检测合格为由将抽检房间数量减半，共抽检7间，经检测甲醛浓度超标。施工单位查找原因并采取措施后，对原检测的7间房再次进行检测，检测结果合格，施工单位认为达标，监理单位提出不同意见，要求调整抽检的房间并增加抽检房间数量。

【问题】

1. 根据本工程周边环境现状，基坑工程周边环境必须监测哪些内容？

2. 本项目基坑支护专项施工方案编制到专家论证的过程有何不妥？说明正确做法。

3. 施工升降机检查和评定的保证项目除背景资料中列出的项目外还有哪些？

4. 施工单位对室内环境污染物抽检房间数量减半的理由是否成立？并说明理由。请说明再次检测时对抽检房间的要求和数量。

【参考答案】

1. 根据本工程周边环境现状，基坑周边环境必须监测如下内容：

（1）坑外地形的变形监测。

（2）邻近建筑物的沉降与倾斜监测。

（3）地下管线的沉降和位移监测。

【解题思路】 结合题目所给出的条件写出检测内容。

2.（1）不妥之处一：分包单位技术负责人审批签字后报总承包单位备案并直接上报监理单位审查。

正确做法：实行施工总承包的，专项方案应当由总承包单位技术负责人及相关专业承包单位技术负责人签字。

（2）不妥之处二：总监理工程师审查通过。

正确做法：监理单位对专业分包单位直接上报的专项施工方案不予接收。

采分点
1. ①坑外地形的变形监测（1分）
②邻近建筑物的沉降与倾斜监测（1分）
③地下管线的沉降和位移监测（1分）
2. ①每个不妥之处（各1分）
②总承包单位技术负责人及相关专业承包单位技术负责人签字（1分）

（3）不妥之处三：分包单位组织召开专家论证会。

正确做法：实行施工总承包的，由施工总承包单位组织召开专家论证会。

（4）不妥之处四：分包单位组织了 3 名符合相关专业要求的专家及参建各方相关人员召开论证会，形成论证意见。

正确做法：专家组成员应当由 5 名及以上符合相关专业要求的专家组成。

（5）不妥之处五：分包单位按论证意见进行修改后拟按此方案实施，但被建设单位技术负责人以不符合相关规定为由要求整改。

正确做法：专项方案经论证后需做重大修改的，施工单位应当按照论证报告修改并重新组织专家论证。

【解题思路】 判断类题目一定要写明不妥之处。专家论证问题在选择题中也经常出现，一定要理解牢记。

3. 施工升降机检查和评定的保证项目还包括：安全装置、附墙架、钢丝绳、滑轮与对重。

【解题思路】 安全是每个科目都会涉及的内容，在理解的基础上记忆。升降机、塔吊对安全装置、钢丝绳等都要检查到位。

4.（1）施工单位对室内环境污染物抽检房间数量减半的理由成立。

理由：民用建筑工程验收中，凡进行了样板间室内环境污染物浓度检测且检测结果合格的，抽检数量减半并不得少于 3 间。

（2）再次检测时，抽检数量应增加 1 倍，并应包含同类型房间及原不合格房间，共需检测 14 间房间。再次检测结果全部符合规范要求时，判定为室内环境质量合格。

【解题思路】 此题属于记忆性内容。此类问题切不可在学习过程中只学习一遍，平时要多练习、记忆。

【2018 真题·背景资料】

某企业新建办公楼工程，地下 1 层，地上 16 层，建筑高度 55m，地下建筑面积 3 000m²，总建筑面积 21 000m²，现浇混凝土框架结构。一层大厅高 12m，长 32m，大厅处有 3 道后张预应力混凝土梁。合同约定："……工程开工时间为 2016 年 7 月 1

采分点

③监理单位对专业分包单位直接上报的专项施工方案不予接收（1分）

④实行施工总承包的，由施工总承包单位组织召开专家论证会（1分）

⑤由 5 名及以上符合相关专业要求的专家组成（1分）

⑥专项方案做重大修改的，修改后应重新组织专家论证（1分）

3. 安全装置、附墙架、钢丝绳、滑轮与对重（各1分）

4. ①不得少于 3 间（2分）

②抽检量应增加一倍，并应包含同类型房间及原不合格房间（1分）

日,竣工日期为 2017 年 10 月 31 日。总工期 488 天;冬期停工 35 天,弱电、幕墙工程由专业分包单位施工……"。总包单位与幕墙单位签订了专业分包合同。

总承包单位在施工现场安装了一台塔吊用于垂直运输,在结构、外墙装修施工时,采用落地双排扣件式钢管脚手架。

结构施工阶段,施工单位相关部门对项目安全进行检查,发现外脚手架存在安全隐患,责令项目部立即整改。

大厅后张预应力混凝土梁浇筑完成 25 天后,生产经理凭经验判定混凝土强度已达到设计要求,随即安排作业人员拆除了梁底模板并准备进行预应力张拉。

外墙装饰完成后,施工单位安排工人拆除外脚手架。在拆除过程中,上部钢管意外坠落击中下部施工人员,造成 1 名工人死亡。

【问题】

1. 总包单位与专业分包单位签订分包合同过程中,应重点落实哪些安全管理方面的工作?

2. 项目部应在哪些阶段进行脚手架检查和验收?

3. 预应力混凝土梁底模拆除工作有哪些不妥之处?并说明理由。

4. 安全事故分几个等级?本次安全事故属于哪种安全事故?当交叉作业无法避开在同一垂直方向上操作时,应采取什么措施?

【参考答案】

1. 应重点落实的安全管理工作包括:

(1) 总包单位应对承揽分包工程的分包单位进行资质、安全生产许可证和相关人员安全生产资格的审查。

(2) 总包单位与分包单位签订分包合同时,应签订安全生产协议书,明确双方的安全责任。

【解题思路】 考查施工安全检查与评定。总包和分包的安全责任要明确。

2. 脚手架应在下列阶段进行检查与验收:①承受偶然荷载后;②遇有 6 级及以上强风后;③大雨及以上降水后;④冻结的地基土解冻后;⑤停用超过 1 个月;⑥架体部分拆除;⑦其他特殊情况。

【解题思路】 考查脚手架工程安全管理。脚手架是安全管理部分的重点内容,主要包括脚手架的安全控制要点和检查验收。

3. (1) 不妥之处一:生产经理凭经验判定混凝土强度已达到设计要求,随即安排作业人员拆模。

理由:应根据同条件养护试块的强度是否达到规定的强度来判断混凝土强度,生产经理应该向项目技术负责人申请拆模,项目技术负责人批准后才能拆模。

采分点
1. ①资质、安全生产许可证、人员安全生产资格(2分)②安全生产协议书(2分)
2. 全部答对得4分
3. ①随即安排(1分)

（2）不妥之处二：安排作业人员拆除了梁底模板并准备进行预应力张拉。

理由：后张预应力混凝土结构构件，侧模宜在预应力张拉前拆除；底模支架不应在结构构件建立预应力前拆除。

【解题思路】考查钢筋混凝土结构工程施工技术。此题属于钢筋混凝土结构的程序控制。

4.（1）安全事故分一般事故、较大事故、重大事故及特别重大事故四个等级。

（2）本次安全事故属于一般事故。一般事故是指造成3人以下死亡，或者10人以下重伤，或者100万元以上1 000万元以下直接经济损失的事故。

（3）交叉作业安全控制要点：

1）交叉作业人员不允许在同一垂直方向上操作，要做到上部与下部作业人员的位置错开，使下部作业人员的位置处在上部落物的可能坠落半径范围以外，当不能满足要求时，应设置安全隔离层进行防护。

2）在拆除模板、脚手架等作业时，作业点下方不得有其他作业人员，防止落物伤人。拆下的模板等堆放时，不能过于靠近楼层边沿，应与楼层边沿留出不小于1m的安全距离，码放高度也不得超过1m。

3）结构施工自二层起，凡人员进出的通道口都应搭设符合规范要求的防护棚，高度超过24m的交叉作业，通道口应设双层防护棚进行防护。

该知识点已修改为：

1）交叉作业时，坠落半径内应设置安全防护棚或安全防护网等安全隔离措施。

2）交叉作业人员不允许在同一垂直方向上操作，要做到上部与下部作业人员的位置错开，使下部作业人员的位置处在上部落物的可能坠落半径范围以外，当不能满足要求时，应设置安全隔离层进行防护。

3）在拆除模板、脚手架等作业时，作业点下方不得有其他作业人员，防止落物伤人。拆下的模板等堆放时，不能过于靠近楼层边沿，应与楼层边沿留出不小于1m的安全距离，码放高度也不得超过1m。

4）结构施工自二层起，凡人员进出的通道口都应搭设符合规范要求的防护棚，高度超过24m的交叉作业，通道口应设双层防护棚进行防护。

5）处于起重机臂架回转范围内的通道，应搭设安全防护棚。

采分点

②同条件养护试块的强度是否达到规定的强度，项目技术负责人批准（1分）

③拆除了梁底模板（1分）

④底模支架、预应力前拆除（1分）

4.①一般、较大、重大、特别重大（2分）

②3人以下死亡、10人以下重伤、100万元以上1 000万元以下（2分）

③3条都答对得4分

【解题思路】考查安全事故等级判定和高处作业安全管理。安全事故等级判定来自公共课管理科目。

【2017真题·背景资料】

某新建商用群体建设项目，地下2层，地上8层，现浇钢筋混凝土框架结构，桩筏基础，建筑面积88 000m²。某施工单位中标后组建项目部进场施工，在项目现场搭设了临时办公室，各类加工车间、库房、食堂和宿舍等临时设施；并根据场地实际情况，在现场临时设施区域内设置了环形消防通道、消火栓、消防供水池等消防设施。

施工单位在每月例行的安全生产与文明施工巡查中，对照《建筑施工安全检查标准》（JGJ 59—2011）中"文明施工检查评分表"的保证项目逐一进行检查。经统计，现场生产区临时设施总面积超过了1 200m²，检查组认为现场临时设施区域内消防设施配置不齐全，要求项目部整改。

针对地下室200mm厚的无梁楼盖，项目部编制了模板及其支撑架专项施工方案。方案中采用扣件式钢管支撑架体系，支撑架立杆纵横向间距均为1 600mm，扫地杆距地面约150mm，每步设置纵横向水平杆，步距为1 500mm，立杆深处顶层水平杆的长度控制在150～300mm。顶托螺杆插入立杆的长度不小于150mm，伸出立杆的长度控制在500mm以内。

在装饰装修阶段，项目部使用钢管和扣件临时搭设了一个移动式操作平台用于顶棚装饰装修作业。该操作平台的台面面积8.64m²，台面距楼地面高4.6m。

【问题】

1. 按照"文明施工检查评分表"的保证项目检查时，除现场办公和住宿之外，检查的保证项目还应有哪些？

2. 针对本项目生产区临时设施总面积情况，在生产区临时设施区域内还应增设哪些消防器材或设施？

3. 指出本项目模板及其支撑架专项施工方案中的不妥之处，并分别写出正确做法。

4. 现场搭设的移动式操作平台的台面面积，台面高度是否符合规定？现场移动式操作平台作业安全控制要点有哪些？

【参考答案】

1. 检查的保证项目还应有：现场围挡、封闭管理、施工场地、材料管理、现场防火。

【解题思路】考查安全检查项目的内容，重在记忆，记忆口诀："火速围封料场"。

2. 一般临时设施区，每100m²配备两个10L的灭火器，大型临时设施总面积超过1 200m²的，应备有消防专用的消防桶、消防锹、消防钩、盛水桶（池）、消防沙箱等器材设施。

【解题思路】考查现场防火，主要考核现场消防器材的配备。

3.（1）不妥之处一：支撑架立杆纵横向间距均为1 600mm。

正确做法：《混凝土结构工程施工规范》（GB 50666—2011）第4.4.7条规定，立杆纵横间距不应大于1 500mm。

（2）不妥之处二：顶托螺杆伸出立杆的长度控制在500mm以内。

正确做法：可调托撑螺杆伸出长度不宜超过300mm。

【解题思路】考查模板安全控制要点，理论规定重在理解，数据准确记忆是关键。

4.（1）现场搭设的移动式操作平台的台面面积，台面高度符合规定。

（2）现场移动式操作平台作业安全控制要点：

1）移动式操作平台台面不得超过10m²，高度不得超过5m。台面脚手板要铺满钉牢，台面四周设置防护栏杆。平台移动时，作业人员必须下到地面，不允许带人移动平台。

2）操作平台上要严格控制荷载，应在平台上标明操作人员和物料的总重量，使用过程中不允许超过设计的容许荷载。

该知识点已修改为：

1）移动式操作平台台面不得超过10m²，高度不得超过5m，高宽比不应大于2：1。台面脚手板要铺满钉牢，台面四周设置防护栏杆。平台移动时，作业人员必须下到地面，不允许带人移动平台。

2）操作平台上要严格控制荷载，应在平台上标明负责人员和物料的总重量，使用过程中不允许超过设计的容许荷载。

【解题思路】考查现场移动操作平台的安全控制要点。移动式操作平台台面不得超过10m²，高度不得超过5m。

采分点

3.①立杆纵横向间距1 600mm（1分）

②立杆纵横间距不应大于1 500mm（1分）

③长度500mm以内（1分）

④不宜超过300mm（1分）

4.①符合规定（1分）

②台面不得超过10m²，高度不得超过5m，脚手板要铺满钉牢（3分）

③防护栏杆、不允许带人移动平台（2分）

④不允许超过设计的容许荷载（2分）

模块四 合同、招投标及成本管理

➤ 考情分析

合同部分主要考查合同管理程序、违法分包、合同索赔等，多以简答和判断题的形式进行考查。成本管理一般以计算的形式来考查，而且计算量不会太大，但是，此处并不是很容易得分，形式上是在考查计算，实际上是对概念的考查，只有准确区分概念才能正确列对计算公式，此处概念区分是重点。

> **知识点详解**

知识点① 施工招投标管理

（1）任何单位和个人不得以任何方式为招标人**指定招标代理机构**。

（2）任何单位和个人不得强制其**委托招标代理机构**办理招标事宜。

（3）招标人具有编制招标文件和组织评标能力的，可以**自行办理招标事宜**。

（4）招标代理机构不得在所代理的招标项目中投标或者代理投标，也不得为所代理的招标项目的投标人提供咨询。

（5）**不得排斥潜在投标人**。

（6）招标人不得组织单个或者部分潜在投标人**踏勘项目现场**。

（7）时间规定。

施工招标投标流程如图 2-17 所示。

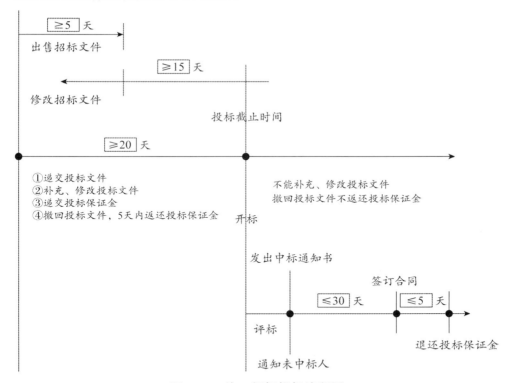

图 2-17 施工招标投标流程图

知识点② 施工合同管理

一、合同管理程序

工程总包合同管理工作包括合同订立、合同备案、合同交底、合同履行、合同变更、争议与诉讼、合同分析与总结。

二、合同管理原则

（1）依法履约原则。

（2）诚实信用原则。

（3）全面履行原则。

（4）协调合作原则。

（5）维护权益原则。

（6）动态管理原则。

（7）合同归口管理原则。

（8）全过程合同风险管理原则。

（9）统一标准化原则。

三、属于违法分包的情况

（1）施工单位将工程**分包给个人**的。

（2）施工单位将工程**分包给不具备相应资质或安全生产许可**的单位的。

（3）施工合同中没有约定，又未经建设单位认可，施工单位将其承包的部分工程交由其他单位施工的。

（4）施工总承包单位将房屋建筑工程的主体结构的施工分包给其他单位的，钢结构工程除外。

（5）专业分包单位将其承包的专业工程中非劳务作业部分再分包的。

（6）劳务分包单位将其承包的劳务再分包的。

（7）劳务分包单位除计取劳务作业费用外，还计取主要建筑材料款、周转材料款和大中型施工机械设备费用的。

（8）法律法规规定的其他违法分包行为。

四、索赔

（一）一般索赔

（1）工期索赔：非施工单位原因、超过总时差。

（2）费用索赔：非施工单位原因、非不可抗力。

（二）不可抗力索赔

因不可抗力事件导致的费用，发、承包双方应按以下原则分别承担并调整工程价款：

（1）工程本身的损害、因工程损害导致第三方人员伤亡和财产损失以及运至施工场地用于施工的材料和待安装的设备的损害，由发包人承担。

（2）发包人、承包人人员伤亡由其所在单位负责，并承担相应费用。

（3）承包人的施工机械设备损坏及停工损失，由承包人承担。

（4）停工期间，承包人应发包人要求留在施工场地的必要的管理人员及保卫人员的费用由发包人承担。

（5）工程所需清理、修复费用，由发包人承担。

【注意】不可抗力索赔原则：工期顺延、费用自理、第三方费用发包人承担。

知识点 ③ 工程施工成本的构成

一、施工成本分类

按照成本控制的不同标准划分：目标成本、计划成本、标准成本、定额成本。

二、目标成本

$$目标成本＝工程造价（除税金）×[1-目标利润率（\%）]$$

知识点 ④ 建筑工程造价的计价方式

工程造价包括：

（1）分部分项工程费。

（2）措施项目费。

（3）其他项目费。

（4）规费。

（5）税金。

建筑工程造价＝分部分项工程费＋措施项目费＋其他项目费＋规费＋税金

知识点 ⑤ 合同价款的约定与调整

一、变更估价程序

承包人应在收到变更指示后 **14d** 内，向监理人提交变更估价申请。监理人应在收到承包人提交的变更估价申请后 **7d** 内审查完毕并报送发包人，监理人对变更估价申请有异议，通知承包人修改后重新提交。发包人应在承包人提交变更估价申请后 **14d** 内审批完毕。

【注意】 变更估价时间和程序，如图 2-18 所示。

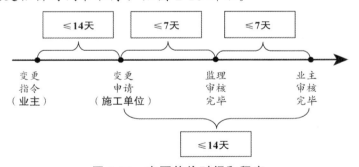

图 2-18 变更估价时间和程序

二、变更价款原则

（1）已标价工程量清单或预算书有**相同项目**的，按照**相同项目**单价认定。

（2）已标价工程量清单或预算书中无相同项目，但有**类似项目**的，参照类似项目的单价认定。

（3）变更导致实际完成的变更工程量与已标价工程量清单或预算书中列明的该项目工程量的变化幅度**超过15%**的，或已标价工程量清单或预算书中无相同项目及类似项目单价的，按照合理的成本与利润构成原则，由合同当事人进行商定，或者总监理工程师按照合同约定审慎做出公正的确定。

【注意】 有相同的按照相同的，没有相同的参照类似的，没有相同也没有类似的进行商定。

工程变更导致该清单项目的工程数量发生变化，且工程量偏差超过 15％，调整的原则为：

1）当工程量增加 **15％** 以上时，其增加部分的工程量的综合单价应予 **调低**。

2）当工程量减少 **15％** 以上时，减少后剩余部分的工程量的综合单价应予 **调高**。

知识点 ⑥ 预付款与进度款的计算

一、预付款的支付

（1）工程预付款的额度的确定方法：

工程预付款用于承包人为合同所约定的工程施工购置材料、工程设备、购置或租赁施工设备、修建临时设施以及组织施工队伍进场等所用的费用。预付款不得用于与本合同工程无关的事项，具有专款专用的性质。工程预付款的比例不宜高于合同价款（不含其他项目费）的 30％。

1）百分比法：按年度工作量或合同造价（**不含暂列金额**）的一定比例确定预付备料款额度的一种方法，由各地区各部门根据各自的条件从实际出发分别制定预付备料款比例。（考试中题目会给定。）

$$工程预付款＝年度工作量（或合同总造价）×预付款比例$$

2）数学计算法：

$$工程备料款数额＝\frac{年度工作量（或合同造价）×材料比重（\%）}{年度施工天数}×材料储备天数$$

（2）工程预付款的支付时间：承包人应在签订合同或向发包人提供与预付款等额预付款保函（如合同中有此约定）后向发包人提交预付款支付申请。发包人应在收到申请后的 **7d** 内进行核实，然后向承包人发出工程预付款支付证书，并在签发支付证书后的 **7d** 内向承包人支付预付款。

二、预付备料款的回扣

预付的工程款必须在合同中约定扣回方式，常用的扣回方式如下：

（1）在承包人完成金额累计达到合同总价一定比例（双方合同约定）后，采用 **等比率或等额扣款** 的方式分期抵扣。

（2）起扣点计算公式：

起扣点＝年度工作量（或合同造价）－（预付备料款/主要材料所占比重）

知识点 ⑦ 工程竣工结算

一、关于竣工结算的规定

工程竣工验收报告经发包人认可后 **28d** 内承包人向发包人提交竣工结算报告及完整的竣工结算资料。之后，发包人在其后的 **28d** 内进行核实、确认后，通知经办银行向承包人结算。承包人收到竣工结算价款后 **14d** 内将竣工工程交付发包人。如果发包人在 **28d 之内**无正当理由不支付竣工结算价款，从第 **29 天**起按承包人同期向银行贷款利率支付拖欠工程款利息并承担违约责任。

二、竣工调值公式法

用调值公式法调价，计算公式为：

$$P = P_0 (a_0 + a_1 A/A_0 + a_2 B/B_0 + a_3 C/C_0 + a_4 D/D_0)$$

【注意】调值公式的使用务必注意百分比是占总价的比重，命题时候往往会给出占调值部分的比重，在计算时需要先计算出占总价比重，在这里容易设置陷阱，真正理解公式含义并且熟练使用才能在考试中游刃有余。

➤ 经典案例

【2021-Ⅰ真题·背景资料】

建设单位 A 与总承包公司 B 于 5 月 30 日签订了某科研实验楼的总承包合同，合同中约定了变更工作事项。B 公司编制施工组织设计与进度计划，并获得监理工程师批准。

B 公司将工程桩分包给 C 公司，并签订了分包合同，施工内容为混凝土灌注桩 600 根，桩直径 600mm，桩长 20m，混凝土充盈系数 1.1。分包合同约定，6 月 18 日开工，7 月 17 日完工，打桩工程直接费单价为 280 元/m³，综合费率为直接费的 20%。

在施工过程中发生了下列事件：

事件一：由于 C 公司桩机故障，C 公司于 6 月 16 日以书面形式向 B 公司提交了延期开工申请，工程于 6 月 21 日开工。

事件二：由于建设单位图纸原因，监理工程师发出 6 月 25 日开始停工、6 月 27 日复工指令。7 月 1 日开始连续下一周罕见大雨，工程桩无法施工，停工 7 天。

事件三：7 月 10 日，由于建设单位图纸变更，监理工程师下达指令，增加 100 根工程桩（桩型同原工程桩）。B 公司书面向监理工程师提出了工程延期及变更估价申请。

【问题】

1. 事件一中，C 公司提出的延期申请是否有效？说明理由。

2. 事件二中，工期索赔是否成立？说明理由。如果成立，索赔工期为多少天？

3. 事件三中，可索赔工期多少天？列出计算式。合理的索赔金额是多少（保留小数点后两位）？列出计算式。工程桩直接费单价是否可以调整？说明理由。

【参考答案】

1. C 公司提出的延期申请无效。

理由：分包人不能按时开工，应当不迟于本合同协议书约定的开工日期前 5d，以书面形式向承包人提出延期开工的理由。

【解题思路】本题考查延期开工申请，属于对细节点的考查。

> **采分点**
>
> 1. ①无效（1分）
>
>   ②不迟于本合同协议书约定的开工日期前 5d（2分）

2. （1）由于建设单位图纸原因，监理工程师发出 6 月 25 日开始停工、6 月 27 日开始复工指令。针对此事件的工期索赔成立，可索赔工期 2 天。

理由：设计图纸属于建设单位应当承担的责任事件。

（2）7 月 1 日开始连续下一周罕见大雨，工程桩无法施工，停工 7 天。针对此事件的工期索赔成立，可索赔工期 7 天。

理由：不可抗力事件引起的工期延误应由建设单位承担。

（3）工期索赔合计：2＋7＝9（天）。

【解题思路】 本题考查工期索赔的判断、不可抗力后果的承担，属于反复强调的重点，务必理解掌握。

3. （1）分包合同约定，6 月 18 日开工，7 月 17 日完工，可知工期为 30 天。

分包合同施工内容为混凝土灌注桩 600 根，可知每天施工桩数＝600/30＝20（根/天）。

因此，事件三可索赔工期＝100/20＝5（天）。

（2）事件三费用索赔＝$3.14 \times (0.6/2)^2 \times 20 \times 1.1 \times 100 \times 280 \times (1+20\%) = 208\ 897.92$（元）。

（3）工程桩直接费单价不可以调整。

理由：除专用合同条款另有约定外，变更估价按照以下约定处理：已标价工程量清单或预算书有相同项目的，按照相同项目单价认定。

【解题思路】 本题考查费用索赔、工程价款的调整，属于反复强调的重点，务必理解掌握。

采分点

2. ①工期索赔成立，可索赔工期 2 天（2 分）

②设计图纸属于建设单位应当承担的责任事件（1 分）

③工期索赔成立，可索赔工期 7 天（2 分）

④不可抗力事件引起的工期延误应由建设单位承担（1 分）

⑤工期索赔合计：2＋7＝9（天）（1 分）

3. ①工期 30 天（1 分）

②每天施工桩数为 600/30＝20（根），可索赔工期＝100/20＝5（天）（3 分）

③208 897.92 元（3 分）

④不可以调整（1 分）

⑤除专用合同条款另有约定外，变更估价按照以下约定处理：已标价工程量清单或预算书有相同项目的，按照相同项目单价认定（2 分）

【2020 真题·背景资料】

建设单位投资兴建写字楼工程，地下 1 层，地上 5 层，建筑面积为 6 000m²，总投资额 4 200.00 万元。建设单位编制的招标文件部分内容有："质量标准为合格；工期自 2018 年 5 月 1 日起至 2019 年 9 月 30 日止；采用工程量清单计价模式；项目开工日前 7 天内支付工程预付款，工程款预付比例为 10％"。经公开招投标，在 7 家施工单位里选定 A 施工单位中标，B 施工单位因为在填报工程量清单价格（投标文件组成部分）时，所填报的工程量与建设单位提供的工程量不一致以及其他原因导致未中标，A 施工单位经合约、法务等部门认真审核相关条款，并上报相关领导同意后，与建设单位签订了工程施工总承包合同，签约合同价部分明细有：分部分项工程费为 2 118.50 万元，脚手架费用为 49.00 万元，措施项目费为 92.16 万元，其他项目费为 110.00 万元，总包管理费为 30.00 万元，暂列金额为 80.00 万元，规费及税金为 266.88 万元。

建设单位于 2018 年 4 月 26 日支付了工程预付款，A 施工单位收到工程预付款后，用部分工程预付款购买了用于本工程所需的塔吊、轿车、模板，支付其他工程拖欠劳务费、其他工程的材料欠款。

在地下室施工过程中，突遇百年不遇特大暴雨，A 施工单位在雨后立即组织工程抢险抢修，抽排基坑内雨污水，发生费用 8.00 万元；检修受损水电线路，发生费用 1.00 万元；抢修工程项目红线外受损的施工便道，以保证工程各类物资、机械进场的需要，发生费用 7.00 万元。A 施工单位及时将上述抢险抢修费用以签证方式上报建设单位。建设单位审核后的意见是：上述抢险抢修工作内容均属于 A 施工单位已经计取的措施费范围，不同意另行支付上述三项费用。

【问题】

1. B 施工单位在填报工程量清单价格时，除工程量外，还有哪些内容必须与建设单位提供的内容一致？

2. 除合约、法务部门外，A 施工单位审核合同条款时还需要哪些部门参加？

3. A 施工单位的签约合同价、工程预付款分别是多少万元（保留小数点后两位）？指出 A 施工单位使用工程预付款的不妥之处，工程预付款的正确使用用途还有哪些？

4. 分别说明建设单位对 A 施工单位上报的三项签证费用的审核意见是否正确？并说明理由。

【参考答案】

1. 投标人应按招标人提供的工程量清单填报价格。除工程量外，还有项目编码、项目名称、项目特征、计量单位必须与招标人提供的一致。

【解题思路】 工程量清单计价规范的特点是考生需要掌握的重点，应在理解的基础上加强记忆。

2. 除合约、法务部门外，A 施工单位审核合同款项还需要企业的工程、技术、质量、资金、财务、劳务、物资部门参加。

【解题思路】 虽然属于超纲内容，但结合常识可以得分。

3. （1）签约合同价＝分部分项工程费＋措施项目费＋其他项目费＋规费＋税金＝2 118.50＋92.16＋110.00＋266.88＝2 587.54（万元）。

（2）工程预付款＝（签约合同价－暂列金额）×10％＝（2 587.54－80.00）×10％＝250.75（万元）。

【解题思路】 计算题一定要列式计算，注意保留小数位数及单位。

（3）工程预付款用于承包人为合同所约定的工程施工购置材料、工程设备、购置或租赁施工设备、修建临时设施以及组织施工队伍进场等所用的费用。

【解题思路】 考查细节知识点，但结合常识可以得分。

4. （1）建设单位对组织工程抢险抢修，抽排基坑内雨污水发生的 8.00 万元审核意见不正确。

理由：百年一遇特大暴雨属于不可抗力，该情况下，工程所需清理、修复费用应由建设单位承担。

（2）建设单位对检修受损水电线路发生的 1.00 万元审核意见正确。

理由：百年一遇特大暴雨属于不可抗力，该情况下，承包人的施工机械设备损坏（包括检修受损水电线路的费用），应由 A 施工单位承担。

（3）建设单位对抢修工程项目红线外受损的施工便道发生的 7.00 万元费用审核意见不正确。

理由：百年一遇特大暴雨属于不可抗力，该情况下，项目红线外工程所需清理、修复费用应由建设单位承担。

采分点

1. 项目编码、项目名称、项目特征、计量单位（答对四项即可，各1分，共4分）

2. 工程、技术、质量、资金、财务、劳务、物资部门（答对四项即可，各1分，共4分）

3. ①签约合同价＝分部分项工程费＋措施项目费＋其他项目费＋规费＋税金＝2 587.54 万元（2分）
②工程预付款＝（签约合同价－暂列金额）×10％＝250.75 万元（2分）
③购置材料、工程设备、购置或租赁施工设备、修建临时设施以及组织施工队伍进场（答对四项即可，各1分，共4分）

4. 判断是否正确、写出理由（各1分，共6分）

【解题思路】不可抗力情况下的索赔判断，是必会考点，一定要在理解的基础上掌握。

【2019 真题·背景资料】

沿海地区某群体住宅工程，包含整体地下室，8 栋住宅楼，1 栋物业配套楼以及小区公共区域园林绿化等，业态丰富，体量较大，工期暂定 3.5 年。招标文件约定，采用工程量清单计价模式，要求投标单位充分考虑风险，特别是通用措施费项目，均应以有竞争力的报价投标，最终按固定总价签订施工合同。

招标过程中，投标单位针对招标文件不妥之处向建设单位申请答疑，建设单位修订招标文件后履行完招标流程，最终确定施工单位 A 中标，并参照《建设工程施工合同（示范文本）》（GF—2017—0201）与 A 单位签订施工承包合同。

施工合同中允许总承包单位自行合法分包。A 单位将物业配套楼整体分包给 B 单位。公共区园林绿化分包给 C 单位（该单位未在施工现场设立项目管理机构，委托劳务队伍进行施工），自行施工的 8 栋住宅楼的主体结构工程劳务（含钢筋、混凝土、主材与模板等周转材料）分包给 D 单位。上述单位均具备相应施工资质。地方建设行政主管部门在例行检查时，提出不符合《建筑工程施工转包违法分包等违法行为认定查处管理办法》（建市〔2014〕118 号）相关规定，要求整改。

在施工过程中，当地遭遇罕见强台风，导致项目发生如下情况：

（1）整体中断施工 24 天。

（2）施工人员大量窝工，发生窝工费用 88.4 万元。

（3）工程清理及修复发生费用 30.7 万元。

（4）为提高后续抗台风能力，部分设计进行变更，经估算涉及费用 22.5 万元。该变更不影响总工期。

A 单位针对上述情况均按合规程序向建设单位提出索赔。建设单位认为上述事项全部由罕见强台风导致，非建设单位过错，应属于总价合同模式下施工单位应承担的风险，均不予同意。

【问题】

1. 指出本工程招标文件中不妥之处，并写出相应正确做法。

2. 根据工程量清单计价原则，通用措施费用项目有哪些（至少列出 6 项）？

3. 根据《建筑工程施工转包违法分包等违法行为认定查处管理办法》（建市〔2014〕118 号），上述分包行为中哪些属于违法行为？并说明相应理由。

4. 针对 A 单位提出的四项索赔，分别判断是否成立？

【参考答案】

1.（1）不妥之处一：要求投标单位充分考虑风险。

正确做法：采用工程量清单计价的工程，应在招标文件中明确计价中的风险内容及其范围（幅度），不得采用无限风险、所有风险或类似语句规定计价中的风险内容及其范围（幅度）。

（2）不妥之处二：通用措施费项目均以有竞争力的报价投标。

正确做法：通用措施费项目中的安全文明施工费不得作为竞争性费用。

（3）不妥之处三：最终按固定总价合同签订施工合同。

正确做法：工程量清单计价本质上是单价合同的计价模式。

【解题思路】 风险是一定要在合同中明确写出的；不得作为竞争费用的是规费、税金及安全文明施工费。注意区分单价合同及总价合同。

2.通用措施费项目包括：安全文明施工费、夜间施工费、二次搬运费、冬雨期施工增加费、已完工程及设备保护费、工程定位复测费、特殊地区施工增加费、大型机械设备进出场及安拆费、脚手架工程费。

【解题思路】 考查工程造价的构成。关于措施项目费，既可考查选择题，也可考查案例题，需要加强记忆。

3.（1）违法行为之一：A单位将物业配套楼整体分包给B单位。

理由：物业配套楼包括主体结构施工，施工总承包单位将建设工程主体结构的施工分给其他单位的（钢结构工程除外），属于违法分包行为。

（2）违法行为之二：C单位未在施工现场设立项目管理机构。

采分点

1. ①采用工程量清单计价的工程，应在招标文件中明确计价中的风险内容及其范围（2分）

②安全文明施工费不得作为竞争性费用（2分）

③工程量清单计价本质上是单价合同的计价模式（2分）

2. 安全文明施工费、夜间施工费、二次搬运费、冬雨期施工增加费、已完工程及设备保护费、工程定位复测费、特殊地区施工增加费、大型机械设备进出场及安拆费、脚手架工程费（共4分，至少写出6项）

3. ①主体结构不能分包，属于违法分包（2分）

②应派驻项目负责人、技术负责人、质量管理负责人、安全管理负责人等主要管理人员，未对该工程的施工活动进行组织管理的，属于转包行为（2分）

理由：施工总承包单位或专业承包单位未在施工现场设立项目管理机构或未派驻项目负责人、技术负责人、质量管理负责人、安全管理负责人等主要管理人员，不履行管理义务，未对该工程的施工活动进行组织管理的，属于转包行为。

（3）违法行为之三：A 单位将自行施工的 8 栋楼主体结构工程劳务（包含钢筋、混凝土主材与模架等周转材料）分包给 D 单位。

理由：劳务单位除计取劳务作业费以外，还计取主要建筑材料款、周转材料款和大中型施工机械设备费用的，属于违法分包行为。

【解题思路】考查分包。要注意区分专业分包及劳务分包，掌握违法分包和转包的情况，属于理解记忆性内容。

4.（1）24 天工期索赔成立。

理由：不可抗力造成的工期延误应该由建设单位承担。

（2）窝工费用索赔不成立。

理由：不可抗力造成的人员窝工，各自承担。

（3）工程清理及修复费用索赔成立。

理由：不可抗力造成的工程损失及修复费用由建设单位承担。

（4）设计变更涉及的费用索赔成立。

理由：设计变更造成的费用增加由建设单位承担。

【解题思路】索赔是每年几乎必考的知识，但也是容易拿分的题目。施工单位因不可抗力造成的机械、人员窝工损失需要自己承担。

<table>
<tr><td colspan="1">采分点</td></tr>
<tr><td>③劳务单位除计取劳务作业费以外，还计取主要建筑材料款、周转材料款和大中型施工机械设备费用的，属于违法分包行为（2分）</td></tr>
<tr><td>4.①不可抗力造成的工期延误应该由建设单位承担（1分）
②不可抗力造成的人员窝工，各自承担（1分）
③不可抗力造成的工程损失及修复费用由建设单位承担（1分）
④设计变更造成的费用增加由建设单位承担（1分）</td></tr>
</table>

【2018 真题·背景资料】

某开发商投资兴建办公楼工程，建筑面积 9 600m²，地下 1 层，地上 8 层，现浇钢筋混凝土框架结构，经公开招投标，某施工单位中标，中标清单部分费用分别是：分部分项工程费 3 793 万元，措施项目费 547 万元，脚手架费为 336 万元，暂列金额 100 万元，其他项目费 200 万元，规费及税金 264 万元，双方签订了工程施工承包合同。

施工单位为了保证项目履约，进场施工后立即着手编制项目管理规划大纲，实施项目管理实施规划，制定了项目部内部薪酬计酬办法，并与项目部签订项目目标管理责任书。

项目部为了完成项目目标责任书的目标成本，采用技术与商务相结合的办法，分别制定了 A、B、C 三种施工方案：A 施工方案成本为 4 400 万元，功能系数为 0.34；B 施工方案施工成本为 4 300 万元，功能系数为 0.32；C 施工方案成本为 4 200 万元，功能系数为 0.34。项目部通过开展价值工程工作，确定最终施工方案，并进一步对施工组织设计等进行优化，制定了项目部责任成本，摘录数据见表 2-16。

表 2-16　相关费用

相关费用	金额（万元）
人工费	477
材料费	2 585
机械费	278
措施费	220
企业管理费	280
利润	—
规费	80
税金	—

施工单位为了落实用工管理，对项目部劳务人员实名制管理进行检查。发现项目部在施工现场配备了专职劳务管理人员，登记了劳务人员基本身份信息，存有考勤、工资结算及支付记录。施工单位认为项目部劳务实名制管理工作仍不完善，责令项目部进行整改。

【问题】

1. 施工单位签约合同价是多少万元？建筑工程造价有哪些特点？

2. 列式计算项目部三种施工方案的成本系数、价值系数（保留小数点后三位），并确定最终采用哪种方案？

3. 计算本项目的直接成本、间接成本各是多少万元？在成本核算工作中要做到哪"三同步"？

4. 项目部在劳务人员实名制管理工作中还应该完善哪些工作？

【参考答案】

1. （1）签约合同价＝分部分项工程费＋措施项目费＋其他项目费＋规费＋税金＝3 793＋547＋200＋264＝4 804（万元）。

（2）建筑工程造价的特点有：①大额性；②个别性和差异性；③动态性；④层次性。

【解题思路】 考查工程造价的构成与计算、建筑工程造价与成本管理。合同价虽然是考计算，但是对概念的理解是关键。

2. （1）成本系数：

A 方案＝4 400/12 900＝0.341；

B 方案＝4 300/12 900＝0.333；

C 方案＝4 200/12 900＝0.326。

（2）价值系数：

A 方案＝0.34/0.341＝0.997；

B 方案＝0.32/0.333＝0.961；

C 方案＝0.34/0.326＝1.043。

（3）应采用 C 方案。

【解题思路】 考查成本控制方法在建筑工程中的应用。理解成本系数和功能系数的概念才能答对。

3. （1）直接成本＝人工费＋材料费＋机械费＋措施费＝477＋2 585＋278＋220＝3 560（万元）。

间接成本＝企业管理费＋规费＝280＋80＝360（万元）。

（2）项目成本核算应坚持形象进度、产值统计、成本归集的三同步原则。

（该知识点已删除）

【解题思路】 考查工程施工成本的构成、建设工程项目管理的有关规定。区分直接成本和间接成本。

4. 项目部在劳务人员实名制管理工作中还应该完善培训和技能状况、从业经历，加强劳务人员动态监管和劳务纠纷调解处理。

【解题思路】 本题考查劳务人员实名制，来自公共科目法规。

采分点

1. ①4 804 万元（2 分）

②大额、个别差异、动态、层次（2 分）

2. ①0.341（1 分）

②0.333（1 分）

③0.326（1 分）

④0.997（1 分）

⑤0.961（1 分）

⑥1.043（1 分）

⑦计算得数不对，即便方案选对也不得分。

3. ①3 560 万元（1 分）

②360 万元（1 分）

③形象进度、产值统计、成本归集（3 分）

4. 培训和技能、从业、动态监管、纠纷调解（5 分）

【2017 真题·背景资料】

某施工单位在中标某高档办公楼工程后，与建设单位按照《建设工程施工合同（示范文本）》（GF 2013—0201）签订了施工总承包合同，合同中约定总承包单位将装饰装修、幕墙等分部分项工程进行专业分包。

施工过程中，监理单位下发针对专业分包工程范围内墙面装饰装修做法的设计变更指令，在变更指令下发后的第 10 天，专业分包单位向监理工程师提出该项变更的估价申请。监理工程师审核时发现计算有误，要求施工单位修改。于变更指令下发后的第 17 天，监理工程师再次收到变更估价申请，经审核无误后提交建设单位，但一直未收到建设单位的审批意见。次月底，施工单位在上报已完工程进度款支付时，包含了经监理工程师审核、已完成的该项变更所对应的费用，建设单位以未审批同意为由予以扣除，并提交变更设计增加款项只能在竣工结算前最后一期的进度款中支付。

该工程完工后，建设单位指令施工各单位组织相关人员进行竣工预验收，并要求总监理工程师在预验收通过后立即组织参建各方相关人员进行竣工验收。建设行政主管部门提出验收组织安排有误，责令建设单位予以更正。

在总承包施工合同中约定"当工程量偏差超出 5% 时，该项增加部分或剩余部分综合单价按 5% 进行浮动"。施工单位编制竣工结算时发现工程量清单中两个清单项的工程数量增减幅度超出 5%，其相应工程数量、单价等数据详见表 2-17。

表 2-17　工程量清单数据表

清单项	清单工程量	实际工程量	清单综合单价	浮动系数
清单项 A	5 080m³	5 594m³	452 元/m³	5%
清单项 B	8 918m²	8 205m²	140 元/m²	5%

竣工验收通过后，总承包单位、专业分包单位分别将各自施工范围的工程资料移交到监理机构，监理机构整理后将施工资料与工程监理资料一并向当地城建档案管理部门移交，被城建档案管理部门以资料移交程序错误为由予以拒绝。

【问题】

1. 在墙面装饰装修做法的设计变更估价申请报送及进度款支付过程中都存在哪些错误之处？分别写出正确的做法。

2. 针对建设行政主管部门责令改正的验收组织错误，本工程的竣工预验收应由谁来组织？施工单位哪些人必须参加？本工程的竣工验收应由谁进行组织？

3. 分别计算清单项 A、清单项 B 的结算总价（单位：元）。

4. 分别指出总承包单位、专业分包单位、监理单位的工程资料正确的移交顺序。

【参考答案】

1. （1）错误之处一：专业分包单位向监理工程师提出该项变更的估价申请。

正确做法：总承包单位应该向监理工程师提出估价申请。

（2）错误之处二：建设单位以未审批同意为由予以扣除。

正确做法：发包人应在承包人提交变更估价申请后14d内审批完毕。发包人逾期未完成审批或未提出异议的，视为认可承包人提交的变更估价申请，所以不能以未给出审批同意为由予以扣除。

（3）错误之处三：变更设计增加款项只能在竣工结算前最后一期的进度款中支付。

正确做法：因变更引起的价格调整应计入最近一期的进度款中支付。

【解题思路】考查变更估价申报程序。变更估价时间和程序规定如图 2-19 所示。

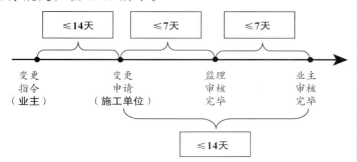

图 2-19　变更估价时间和程序规定

2. （1）本工程的竣工预验收应由总监理工程师来组织。

（2）施工单位项目负责人、项目技术负责人参加。

（3）本工程的竣工验收由建设单位项目负责人组织。

【解题思路】考查工程竣工验收，谁组织谁参加是重点。检验批和分项是专业监理工程师组织，分部工程及以上的都是由总监或者建设单位负责人来组织。

3. （1）（5 594－5 080）/5 080＝10%＞5%，清单项A的结算总价＝5 080×（1＋5%）×452＋[5 594－5 080×（1＋5%）]×452×（1－5%）＝2 522 612（元）。

<table>
<tr><td>采分点</td></tr>
<tr><td>1. ①专业分包单位提出估价申请（1分）
②总承包单位提出估价申请（1分）
③以未审批同意为由（1分）
④发包人逾期未完成审批或未提出异议视为认可变更估价申请（2分）
⑤竣工结算前最后一期的进度款中支付（1分）
⑥计入最近一期的进度款中（1分）</td></tr>
<tr><td>2. ①总监理工程师（2分）
②项目负责人、技术负责人（2分）
③建设单位项目负责人（2分）</td></tr>
<tr><td>3. ①2 522 612 元（2分）</td></tr>
</table>

（2）（8 918－8 205）/8 918＝8%＞5%，

清单项 B 的结算总价＝8 205×140×（1＋5%）＝1 206 135（元）。

【解题思路】考查变更估价的原则。关于变更估价的原则，文字描述过多，提炼精简如下：

①有相同项，直接用；

②无相同项，参考类似；

③无相同和类似项的，协商确定；

④工程量清单偏差超出 15% 的，协商确定。

这四条原则直接考查案例简答的可能性不大，但是它是做计算题的依据，分析判断错误，直接导致后面的计算错误，务必理解掌握，非常重要。

4.（1）实行施工总承包的，各专业承包单位应向施工总承包单位移交施工资料。

（2）监理单位应向建设单位移交监理资料。

（3）建设单位应按国家有关法规和标准规定向城建档案管理部门移交工程档案，并办理相关手续。

【解题思路】考查资料的移交，移交的原则是：合同关系。

> **采分点**
>
> ②1 206 135 元
> （2 分）
>
> 4.①专业承包单位向施工总承包单位移交（1 分）
> ②监理单位向建设单位移交（1 分）
> ③建设单位向城建档案管理部门移交（1 分）

模块五　现场管理

> ## 考情分析

现场管理主要考查消防、文明施工、环境保护、临水临电以及安全警示牌布置原则，理解难度不大，重在考查应考人员的记忆能力。

> ## 知识点详解

知识点①　现场消防管理

扫码听课

一、施工现场灭火器的摆放

（1）灭火器应摆放稳固，其铭牌**必须朝外**。

（2）手提式灭火器应使用挂钩悬挂，或摆放在托架上、灭火箱内，**也可以直接放在室内干燥的地面上**，其顶部离地面高度应**小于 1.5m**，底部离地面高度宜大**于 0.15m**。

（3）灭火器不应摆放在**潮湿**或**强腐蚀性**的地点，必须摆放时，应采取相应的保护措施。

二、施工现场临时消防车道

施工现场内应设置临时消防车道，临时消防车道与在建工程、临时用房、可燃材料堆场及其加工场的距离，**不宜小于 5m，且不宜大于 40m**。

知识点 2 **现场文明施工管理**

（1）文明施工主要内容：

1）规范场容、场貌，保持作业环境整洁卫生。

2）创造文明有序和安全生产的条件和氛围。

3）减少施工过程对居民和环境的不利影响。

4）树立绿色施工理念，落实项目文化建设。

（2）现场必须实施封闭管理，一般路段的围挡高度**不得低于 1.8m**，市区主要路段的围挡高度**不得低于 2.5m**。

（3）五牌一图：**工程概况牌、管理人员名单及监督电话牌、消防保卫牌、安全生产牌、文明施工和环境保护牌、施工现场总平面图**。

（4）在建工程内严禁住人。（一建内容）

知识点 3 **现场环境保护**

（1）现场的主要道路必须进行**硬化**处理，土方应集中堆放。裸露的场地和集中堆放的土方应采取**覆盖、固化或绿化**等措施。现场土方作业应采取防止扬尘措施。

（2）结构施工阶段，白天施工噪声限值不允许超过 **70dB**，夜间施工不允许超过 **55dB**。

知识点 4 **临时用电、用水管理**

（1）施工现场临时用电设备在 **5 台及以上或设备总容量在 50kW 及以上者**，应编制**用电组织设计**；否则应制定安全用电和电器防火措施。

（2）临时用电组织设计及安全用电和电气防火措施应由**电气工程技术人员组织编制**，经编制、审核、批准部门和使用单位共同验收合格后方可投入使用。

（3）现场临时用水包括**生产用水、机械用水、生活用水**和消防用水。

知识点 5 **安全警示牌布置原则**

（1）安全标志分为**禁止标志、警告标志、指令标志和提示标志**四大类型。

（2）施工现场安全警示牌的设置应遵循"标准、安全、醒目、便利、协调、合理"的原则。

（3）安全警示牌不得设置在门、窗、架等可移动的物体上。

（4）多个安全警示牌在一起布置时，应按**警告、禁止、指令、提示**类型的顺序，**先左后右、先上后下**进行排列。各标志牌之间的距离至少应为标志牌尺寸的 **0.2 倍**。

（5）有触电危险的场所，应选用由**绝缘材料**制成的安全警示牌。

（6）对有防火要求的场所，应选用由**不燃材料**制成的安全警示牌。

经典案例

【2021-Ⅱ真题·背景资料】

某住宅工程，建筑面积1.2万 m²，地下1层，地上12层，剪力墙结构，公共区域及室内地面装修为石材，墙、顶饰面均为涂料，工程东侧距基坑上口线8m处有一座六层老旧砖混结构住宅，市政管线从两建筑间穿过，为了保证既有住宅的安全，项目部对东侧边坡采用钢筋混凝土排桩支护，其余部位采用喷锚支护。

项目部制定了基坑工程监测方案，对基坑支护结构和周围环境进行监测，其中周围环境监测包含基坑外地形变形监测等内容，方案报送监理工程师批准后实施。

基础底板混凝土量较大，项目部决定组织夜间施工，因事先准备不足，施工过程中被附近居民投诉，后经协调取得了大家谅解。

地下室管道安装时，一名工人站在2.2m高的移动平台上作业，另一名工人在地面协助其工作，安全完成了工作任务。

该住宅工程竣工验收前，按照规定对室内环境污染物浓度进行了检测，部分检测项及数值见表2-18。

表 2-18　室内环境污染物浓度检测结果统计表

序号	检测项	浓度值（mg/m³）
1	甲醛	0.08
2	甲苯	0.12
3	二甲苯	0.20
4	TVOC	0.40

【问题】

1. 基坑工程监测方案中，对周围环境监测还应有哪些监测内容？

2. 写出夜间施工规定的时间区段和噪声排放最大值。夜间施工前应做哪些具体准备工作？

3. 在该高度移动平台上作业是否属于高处作业？高处作业分为几个等级？操作人员必备的个人安全防护用具、用品有哪些？

4. 根据控制室内环境污染的不同要求，该建筑属于几类民用建筑工程？表中符合规范要求的检测项有哪些？还应检测哪些项目？

【参考答案】

1. 基坑工程监测方案中，对周围环境还应监测以下内容：邻近建筑物的沉降和倾斜监测、地下管线的沉降和位移监测。

【解题思路】 本题考查的是基坑工程周围环境监测的内容，属于对高频常规考点的考查，即使没有复习到，也可结合实践经验，得到部分分数。

采分点

1. ①邻近建筑物的沉降和倾斜监测（1分）

　②地下管线的沉降和位移监测（1分）

2.（1）夜间施工规定的时间区段：一般指当日 22 时至次日 6 时，特殊地区可由当地政府部门另行规定。根据《建筑施工场界环境噪声排放标准》，建筑施工场界环境噪声排放最大值为 55dB。

（2）夜间施工前应做的具体准备工作：在城市市区范围内从事建筑工程施工，项目必须在工程开工前 7d 内向工程所在地县级以上地方人民政府环境保护管理部门申报登记。需办理夜间施工许可证明，并公告附近社区居民。

【解题思路】本题考查的是夜间施工时间区段及噪声限值，属于对高频常规考点的考查。此外，污水排放、固体废弃物处理等施工现场环境保护实施要点，均可考查。

3.（1）在高度（2.2m）移动平台上作业属于高处作业。

理由：高处作业是指凡在坠落高度基准面 2m 以上（含 2m）有可能坠落的高处进行的作业。

（2）根据国家标准规定，建筑施工高处作业分为四个等级：一级高处作业、二级高处作业、三级高处作业和四级高处作业。

（3）操作人员必备的个人安全防护用具、用品有合格的安全帽、安全带、防滑鞋等。

【解题思路】本题考查的是高处作业安全控制要点。此考点各项要求，尤其是操作平台、交叉作业等要求，易以案例分析中判断是非题的形式考查。

4.（1）根据控制室内环境污染的不同要求，该建筑属于Ⅰ类民用建筑工程。

（2）表中符合规范要求的检测项有甲苯、二甲苯、TVOC。

理由：对于Ⅰ类民用建筑工程，甲苯浓度≤0.15mg/m³，二甲苯浓度≤0.20mg/m³，TVOC浓度≤0.45mg/m³，即判断为合格。

（3）还应检测的项目包括氡、氨、苯。

【解题思路】本题考查的是室内环境污染物浓度限量，属于对高频常规考点的考查，务必掌握。此外，不同污染物在不同条件下的检测方法不同，注意数字的对比记忆，一般在案例分析中易考查判断是非题。

采分点

2. ①当日 22 时至次日 6 时（1分）

②55dB（1分）

③工程开工前 7d 内，句工程所在地县级以上地方人民政府环境保护管理部门申报登记，需办理夜间施工许可证明，并公告附近社区居民（4分）

3. ①属于高处作业（1分）

②高处作业是指凡在坠落高度基准面 2m 以上（含 2m）有可能坠落的高处进行的作业（1分）

③建筑施工高处作业分为四个等级（1分）

④操作人员必备的个人安全防护用具、用品有：合格的安全帽、安全带、防滑鞋等（2分）

4. ①该建筑属于Ⅰ类民用建筑工程（1分）

②甲苯、二甲苯、TVOC（1.5分）

③Ⅰ类民用建筑工程，甲苯浓度≤0.15mg/m³，二甲苯浓度≤0.20mg/m³，TVOC浓度≤0.45mg/m³，即判断为合格（3分）

④还应检测的项目包括氡、氨、苯（1.5分）

【2016 真题·背景资料】

某新建综合楼工程，现浇钢筋混凝土框架结构，地下 1 层，地上 10 层，建筑檐口高度 45 米，某建筑工程公司中标后成立项目部进场组织施工。

在施工过程中，发生了下列事件：

事件一： 根据施工组织设计的安排，施工高峰期现场同时使用机械设备达到 8 台。项目土建施工员仅编制了安全用电和电气防火措施报送给项目监理工程师。监理工程师认为存在多处不妥，要求整改。

事件二： 施工过程中，项目部要求安全员对现场固定式塔吊的安全装置进行全面检查，但安全员仅对塔吊的力矩限制器、爬梯护圈、小车断绳保护装置、小车断轴保护装置进行了安全检查。

事件三： 公司例行安全检查中，发现施工区域主出入通道处多种类型的安全警示牌布置混乱，要求项目部按规定从左到右正确排列。

事件四： 监理工程师现场巡视时，发现五层楼层通道口和楼层邻边堆放有大量刚拆下的小型钢模板，堆放高度 1.5m，要求项目部立即整改并加强现场施工管理。

事件五： 公司按照《建筑施工安全检查标准》（JGJ 59—2011）对现场进行检查评分，汇总表总得分为 85 分，但施工机具分项检查评分表得零分。

【问题】

1. 事件一中，存在哪些不妥之处？并分别说明理由。

2. 事件二中，项目安全员还应对塔吊的哪些安全装置进行检查（至少列出四项）？

3. 事件三中，安全警示牌通常都有哪些类型？各种类型的安全警示牌按一排布置时，从左到右的正确排列顺序是什么？

4. 事件四中，按照《建筑施工高处作业安全技术规范》（JGJ 80—2016），对楼层通道口和楼层临边堆放拆除的小型钢模板的规定有哪些？

5. 事件五中，按照《建筑施工安全检查标准》（JGJ 59—2011），确定该次安全检查评定等级，并说明理由。

【参考答案】

1. "项目土建施工员仅编制了安全用电和电气防火措施报送给项目监理工程师，"不妥。

理由：施工现场临时用电设备在5台及以上或设备总容量在50kW及以上时，应编制用电组织设计。用电编制者也应为电气工程技术人员编制，不应为土建施工员，并应经相关部门审核及具有法人资格企业的技术负责人批准。

【解题思路】 考查临时用电组织设计及编制管理。临时用电组织设计及安全用电和电气防火措施应由电气工程技术人员组织编制，经编制、审核、批准部门和使用单位共同验收合格后方可投入使用。

2. 项目安全员还应对塔吊的超高、变幅、行走限位器，吊钩保险，卷筒保险等装置进行检查。

【解题思路】 形式上考查塔吊的装置，实则考查塔吊的安全控制要点。塔吊的力矩限制器，超高、变幅、行走限位器，吊钩保险，卷筒保险，爬梯护圈等安全装置必须齐全、灵敏、可靠。

3.（1）安全警示牌分为禁止标志、警告标志、指令标志和提示标志四大类型。

（2）多个安全警示牌在一起布置时，应按警告、禁止、指令、提示类型的顺序，先左后右、先上后下进行排列。

【解题思路】 考查警示牌的类型及布置顺序。安全标志分为禁止标志、警告标志、指令标志和提示标志四大类型。多个安全警示牌在一起布置时，应按警告、禁止、指令、提示类型的顺序，先左后右、先上后下进行排列。要求的程度由强到弱。

4. 钢模板部件拆除后，临时堆放处离楼层边沿不应小于1m，堆放高度不得超过1m。楼层边口、通道口、脚手架边缘等处，严禁堆放任何拆下物件。

【解题思路】 考查模板的堆高堆距要求，模板堆高堆距都是1m。

采分点
1. ①土建施工员编制（1分）②电气工程技术人员（2分）
2. 超高、变幅、行走限位器，吊钩保险，卷筒保险（5分）
3. ①禁止、警告、指令和提示（2分）②警告、禁止、指令、提示（4分）
4. 堆距1m、堆高1m（2分）

5. 等级不合格。

理由：（1）优良：分项检查评分表无零分，汇总表得分值应在 80 分及以上。

（2）合格：分项检查评分表无零分，汇总表得分值应在 80 分以下，70 分及以上。

（3）不合格：①当汇总表得分值不足 70 分时；②当有一分项检查评分表得零分时。

检查施工机具检查评分表得 0 分，根据施工安全评定等级第 3 点要求，当有一分项检查评分表得零分时，则评定等级为不合格。

【解题思路】 考查安全检查评定等级。

优良：分项检查评分表无零分，汇总表得分值≥80 分

合格：分项检查评分表无零分，70≤汇总表得分值＜80 分

不合格：①当汇总表得分值＜70 分时；②当有一分项检查评分表为零时。

有的考生一看汇总表得分 78，直接判定为合格，要知道只要有一个分项检查评分表为 0 时就是不合格。

采分点
5. ①不合格（2 分） ②优良≥80 分、70≤合格＜80 分、不合格＜70 分或者分项为零（2 分）

【2012 真题·背景资料】

某工程基坑深 8m，支护采用桩锚体系，桩数共计 200 根，基础采用桩筏形式，桩数共计 400 根。毗邻基坑东侧 12m 处有密集居民区。居民区和基坑之间的道路下 1.8m 处埋设有市政管道。项目实施过程中发生如下事件：

事件一： 在基坑施工前，施工总承包单位要求专业分包单位组织召开深基坑专项施工方案专家论证会。本工程勘察单位项目技术负责人作为专家之一，对专项方案提出了不少合理化建议。

事件二： 工程地质条件复杂，设计要求对支护结构和周围环境进行监测，对工程桩采用不少于总数 1% 的静荷载试验方法进行承载力检验。

事件三： 基坑施工过程中，因工期较紧，专业分包单位夜间连续施工，挖掘机、桩机等施工机械噪音较大，附近居民意见很大，到有关部门投诉。有关部门责成总承包单位严格遵守文明施工作业时间段规定，现场噪音不得超过国家标准《建筑施工场界噪声限值》的规定。

【问题】

1. 事件一中存在哪些不妥？并分别说明理由。

2. 事件二中，工程支护结构和周围环境监测分别包含哪些内容？最少需多少根桩做静荷载试验？

3. 根据《建筑施工场界噪声限值》的规定，挖掘机、桩机昼间和夜间施工噪声限值分别是多少？

4. 根据文明施工的要求，在居民密集区进行强噪音施工，作业时间段有什么具体规定？特殊情况需要昼夜连续施工，需做好哪些工作？

【参考答案】

1. （1）不妥之处一：施工总承包单位要求专业分包单位组织召开深基坑专项施工方案专家论证会。

理由：超过一定规模的危险性较大的分部分项工程专项方案应当由施工单位组织召开专家论证会。实行施工总承包的，由施工总承包单位组织召开专家论证会。

（2）不妥之处二：本工程勘察单位项目技术负责人作为专家之一。

理由：与本工程有利害关系的人员不得以专家身份参加专家论证会。

【解题思路】 考查专家论证的组织及论证，主要涉及专家论证组织者、专家论证会的参会人员。超过一定规模的危险性较大的分部分项工程专项方案应当由施工单位组织召开专家论证会。实行施工总承包的，由施工总承包单位组织召开专家论证会。专家组成员应当由 5 名及以上符合相关专业要求的专家组成，本项目参建各方的人员不得以专家身份参加专家论证会。

2. （1）支护结构监测包括：

1）对围护墙侧压力、弯曲应力和变形的监测；

2）对支撑（锚杆）轴力、弯曲应力的监测；

3）对腰梁（围檩）轴力、弯曲应力的监测；

4）对立柱沉降，抬起的监测。

（2）周围环境监测包括：

1）坑外地形的变形监测；

2）邻近建筑物的沉降和倾斜监测；

3）地下管线的沉降和位移监测等。

（3）采用静荷载试验的方法进行检验，检验桩数不应少于桩总数 1‰ 且不少于 3 根。本题基础桩是 400 根，400×1‰＝4 根，因此最少检测 4 根。

【解题思路】 考查工程桩静载试验。静荷载试验只针对起结构传力作用的工程桩，而不针对作为临时结构的围护桩，仔细审题可知 200 根支护桩是不需要做静载试

采分点
1. ①要求专业分包单位组织召开论证会（1分）②实行施工总承包的施工总承包单位组织（1分）③勘察单位项目技术负责人作为专家（1分）④不得以专家身份参加（1分）
2. ①围护墙侧压力、弯曲应力、变形（1分）②支撑轴力、弯曲应力（1分）③腰梁轴力、弯曲应力（1分）④立柱沉降，抬起（1分）⑤变形（1分）⑥沉降和倾斜（1分）⑦沉降和位移（1分）⑧总数1‰且不少于3根、最少检测4根（2分）

验的，此处容易出错。

3. 挖掘机噪声值：昼间 75dB；夜间 55dB。

打桩机噪声值：昼间 85dB；夜间禁止施工。

【解题思路】此规定在复习中着重掌握以下内容即可：结构施工阶段白天施工噪声限值不允许超过 70dB，夜间施工不允许超过 55dB。

4.（1）在居民密集区进行噪音施工不宜于晚 10：00到次日 6：00 时段内进行。

（2）项目必须在工程开工前向工程所在地县级以上地方人民政府环境保护管理部门申报登记。施工期间的噪声排放应当符合国家规定的建筑施工场界噪声排放标准。夜间施工的，除采取一定降噪措施外，需办理夜间施工许可证明，并公告附近社区居民。

【解题思路】考查文明施工相关内容。夜间施工时段为：晚 10：00 到次日 6：00，2014 年曾以选择题也考查过。

> **采分点**
>
> 3. ①75dB、55dB
> （1 分）
> ②85dB、禁止
> （1 分）
>
> 4. ①晚 10：00 到次日 6：00（1 分）
> ②申报登记、噪声排放标准、办理夜间施工许可、公告（4 分）

模块六　实务操作

➤ 考情分析

一级建造师执业资格考试新版考试大纲的"考试说明"明确指出：专业工程管理与实务考试题型为单项选择题、多项选择题、案例分析题、实务操作题等。其中"实务操作题"属于建造师执业资格考试中新增的题型。可以看出，建造师执业资格考试将会越来越重视实务操作，与现场施工联系会越来越紧密。

预计二级建造师执业资格考试也会逐步重视实务操作题。实务操作题通常为大题，难度较大，需要考生将知识点内容、现场情况和专业知识相结合进行作答。

本模块主要结合具体知识点，介绍实务操作题的常考知识点。

➤ 知识点详解

知识点 1 施工测量

施工测量如图 2-20 所示。

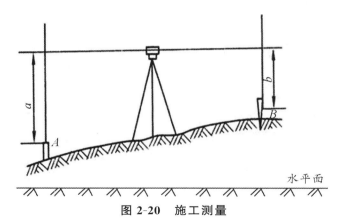

图 2-20 施工测量

一、高程计算

高程计算公式为：$a+H_A=b+H_B$。

二、建筑物施工放样应具备的资料

建筑物施工放样应具备的资料有：①总平面图；②建筑物设计说明；③建筑物轴线平面图；④建筑物基础平面图；⑤设备基础图；⑥土方开挖图；⑦建筑物结构图；⑧管网图；⑨场区控制点坐标、高程及点位分布图。

【提示】此部分可以考查简答题或补缺题。

知识点② 钢筋混凝土灌注桩

一、泥浆护壁法钻孔灌注桩施工工艺流程

场地平整→桩位放线→开挖浆池、浆沟→护筒埋设→钻机就位、孔位校正→成孔、泥浆循环、清除废浆、泥渣→第一次清孔→质量验收→下钢筋笼和钢导管→**第二次清孔**→水下浇筑混凝土→成桩。

正循环回转钻机成孔工艺原理图如图 2-21 所示，反循环回转钻机成孔工艺原理图如图 2-22 所示。

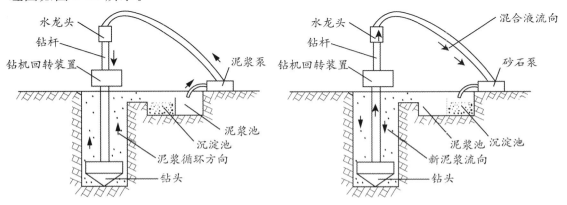

图 2-21 正循环回转钻机成孔工艺原理图　　图 2-22 反循环回转钻机成孔工艺原理图

二、沉管灌注桩成桩施工工艺流程

桩机就位→锤击（振动）沉管→上料→边锤击（振动）边拔管，并继续浇筑

混凝土→下钢筋笼，继续浇筑混凝土及拔管→成桩。

沉管灌注桩施工实务图如图 2-23 所示。

图 2-23　沉管灌注桩施工图

知识点 ③ 屋面防水

一、屋面防水等级和设防要求

屋面防水等级和设防要求见表 2-19。

表 2-19　屋面防水等级和设防要求

防水等级	建筑类别	设防要求
Ⅰ级	重要建筑和高层建筑	两道防水设防
Ⅱ级	一般建筑	一道防水设防

二、屋面防水基本要求

（一）找坡层

（1）屋面防水应**以防为主，以排为辅**。

（2）混凝土结构层宜采用**结构找坡**，坡度不应小于 **3%**；当采用**材料找坡**时，坡度宜为 **2%**。檐沟、天沟纵向找坡不应小于 1%。

（3）找坡层最薄处厚度**不宜小于 20mm**。

（二）找平层

（1）保温层上的找平层应在水泥初凝前压实抹平，并应留设分格缝，缝宽宜为 **5～20mm**，纵横缝的间距不宜大于 **6m**。

（2）养护时间不得少于 **7d**。

三、卷材防水层

（1）卷材防水层铺贴顺序和方向：

1）卷材防水层施工时，应**先进行细部构造处理**，由屋面最低标高向上铺贴。

2）檐沟、天沟卷材施工时，宜顺檐沟、天沟方向铺贴，搭接缝应**顺流水方向**。

3）卷材宜平行屋脊铺贴，上下层卷材不得相互垂直铺贴。

（2）立面或大坡面铺贴卷材时，应采用满粘法，并宜减少卷材短边搭接。

（3）卷材搭接缝应符合下列规定：

1）平行屋脊的搭接缝应**顺流水方向**。

2）同一层相邻两幅卷材短边搭接缝错开**不应小于500mm**。

3）上下层卷材长边搭接缝应错开，且**不应小于幅宽的1/3**。

4）叠层铺贴的各层卷材，在天沟与屋面的交接处，应采用叉接法搭接，搭接缝应错开；搭接缝宜留在屋面与**天沟侧面，不宜留在沟底**。

（4）**厚度小于3mm**的高聚物改性沥青防水卷材，**严禁采用热熔法施工。**

（5）屋面坡度大于25％时，卷材应采取满粘和钉压固定措施。

（6）水泥砂浆及细石混凝土保护层铺设前，应在防水层上做**隔离层**。

四、檐口、檐沟、天沟、水落口等细部施工

（1）卷材防水屋面檐口**800mm**范围内的卷材应满粘，卷材收头应采用金属压条钉压，并应用密封材料封严。

（2）檐口下端应做**鹰嘴和滴水槽**，如图2-24（a）、2-24（b）所示。

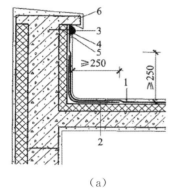 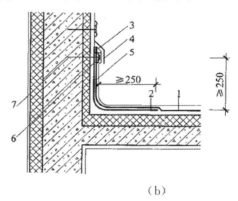

（a）　　　　　　　　　　　　　　　　（b）

（a）：1—防水层；2—附加层；3—密封材料；4—金属压条；5—水泥钉；6—压顶

（b）：1—防水层；2—附加层；3—密封材料；

4—金属盖板；5—保护层；6—金属压条；7——水泥钉

（a）低女儿墙防水处理（鹰嘴）；（b）高女儿墙防水处理（滴水槽）

图2-24　女儿墙防水处理

【提示】模拟练习案例十四为女儿墙细部防水考查。

知识点④ 脚手架安全控制要点

（1）**基础要求**：脚手架立杆基础不在同一高度上时，必须**将高处的纵向扫地杆向低处延长两跨与立杆固定，高低差不应大于1m**。靠边坡上方的立杆轴线到边坡的距离不应小于500mm。如图2-25所示。

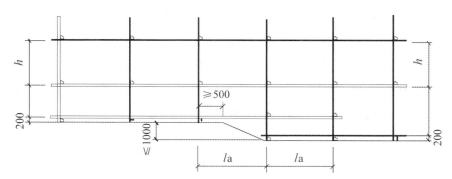

1—横向扫地杆；2—纵向扫地杆

图 2-25　纵、横向扫地杆构造

（2）扫地杆要求：脚手架必须设置**纵、横向扫地杆**，如图 2-26 所示。纵向扫地杆应采用直角扣件固定在距底座上皮不大于 **200mm** 处的立杆上，横向扫地杆亦应采用直角扣件固定在紧靠纵向扫地杆下方的立杆上。【横下纵上】

图 2-26　纵、横扫地杆实物图

【提示】模拟练习案例七为脚手架识图考查。

知识点 5　施工临时用电管理

例题：

施工中，木工堆场发生火灾。紧急情况下值班电工及时断开了总配电箱开关，经查，火灾是因为临时用电布置和刨花堆放不当引起。部分木工堆场临时用电现场布置剖面示意图如图 2-27 所示。

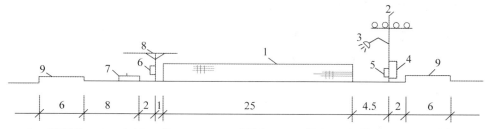

1—模板堆；2—电杆（高 5m）；3—碘钨灯；4—堆场配电箱；5—灯开关箱；
6—电锯开关箱；7—电据；8—木工棚；9—场内道路

图 2-27　木工堆场临时用电布置剖面示意图（单位：m）

【问题】

指出图中做法的不妥之处。正常情况下，现场临时配电系统停电的顺序是什么？

【参考答案】

（1）不妥之处一：电锯开关箱距离配电箱为 30.5m（1+25+4.5）。

理由：分配电箱与开关箱距离不得超过 30m。

不妥之处二：木工堆厂使用了碘钨灯。

理由：仓库或堆料场严禁使用碘钨灯，以防碘钨灯引起火灾。

不妥之处三：电杆距离模板堆厂 4.5m 太近。

理由：碘钨灯功率大、发热量大。《施工现场临时用电安全技术规范》（JG J46—2005）及《建设工程施工现场消防安全技术规范》（GB 50720—2011）对于碘钨灯的使用均有严格规定。

（2）正常情况下，现场临时配电系统停电顺序为：开关箱→分配电箱→总配电箱。

知识点 6 现场文明施工管理

一、"五牌一图"

工程概况牌、管理人员名单及监督电话牌、消防保卫牌、安全生产牌、文明施工和环境保护牌、施工现场总平面图。

二、施工总平面布置

施工总平面布置图如图 2-28 所示。

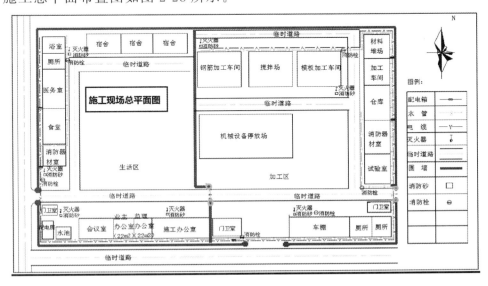

图 2-28　施工总平面布置图

【例题】

一处建筑施工场地，东西长 110m，南北宽 70m。拟建建筑物首层平面 80m×40m，地下 2 层，地上 6/20 层，檐口高 26/68m，建筑面积约 48 000m²。施工场地部分临时设施平面布置示意图如图 2-29 所示。图中布置施工临时设施有：现场办公室，木工加工及堆场，钢筋加工及堆场，油漆库房，塔吊，施工电梯，物料提升机，混凝土地泵，大门及围墙，车辆冲洗池（图中未显示的设施均视为符合要求）。

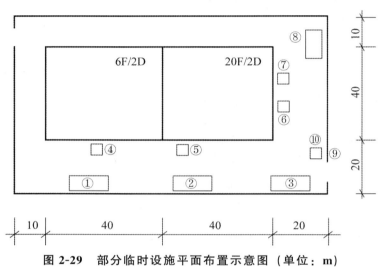

图 2-29　部分临时设施平面布置示意图（单位：m）

【问题】

写出图中临时设施编号所处位置最宜布置的临时设施名称（如⑨大门与围墙）。

【参考答案】

图中临时设施编号所处位置最宜布置的临时设施名称为：①木材加工及堆场；②钢筋加工及堆场；③现场办公室；④物料提升机；⑤塔吊；⑥混凝土地泵；⑦施工电梯；⑧油漆库房；⑨大门及围墙；⑩车辆冲洗池。

PART

第三部分

我是阅卷官

3

➢ **学习提示**

此部分旨在让考生转换学习维度，以阅卷人的角色，了解建造师考试案例题目的阅卷场景以及要求，有的放矢地进行案例强化训练。答写案例题目不仅要求考生知道利用什么考点，也要求考生清楚如何正确书面表达，以准确获取阅卷采分点，高效获取分数。

案例分析题一

【背景资料】

某学生活动中心工程，建设面积 18 000m²，现浇混凝土框架结构，条形基础，地上 4 层，首层阶梯报告厅局部层高 21m，模板直接支撑在地基土上。施工单位为某施工总承包企业。

工程实施过程中发生了下列事件：

事件一： 施工单位将施工作业划分为 A、B、C、D 四个施工过程，分别由指定的专业班组进行施工，每天一班工作制，组织无节奏流水施工，流水施工参数见表 3-1：

表 3-1 流水施工参数表 （单位：d）

施工段 ＼ 施工过程	A	B	C	D
Ⅰ	12	18	25	12
Ⅱ	12	20	25	13
Ⅲ	19	18	20	15
Ⅳ	13	22	22	14

事件二： 在首层阶梯报告厅顶板模板工程验收中，项目经理发现在最顶部两水平拉杆中间加设了一道水平拉杆；水平拉杆的端部与四周建筑物间隔 100mm。安全总监下达了整改通知。

事件三： 在施工过程中，该工程所在地连续下了 6d 特大暴雨（超过了当地近 10 年来该季节的最大降雨量），洪水泛滥，给建设单位和施工单位造成了较大的经济损失。施工单位认为这些损失是由于特大暴雨（不可抗力事件）造成的，提出下列索赔要求（以下索赔数据与实际情况相符）：

（1）工程清理、恢复费用 18 万元。

（2）施工机械设备重新购置和修理费用 29 万元。

（3）工期顺延 6d。

【问题】

1. 事件一中，列式计算四个施工过程之间的流水步距分别是多少天？流水施工的计划工期是多少天？

2. 指出事件二中的不妥之处，分别写出正确做法。水平拉杆无处可顶时的措施有哪些？

3. 模板设计无要求时，模板拆除的顺序和方法是什么？

4. 事件三中，分别指出施工单位的索赔要求是否成立？说明理由。

【学员版答案】

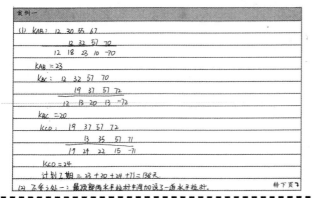

【解题思路】

（1）考查流水施工的工期计算，重在流水步距的计算。本题表格中数据由于将施工过程和施工段进行了置换，此处流水步距的计算有陷阱，考生习惯性把数据从左到右进行累加错位相减，最后的结果肯定是错的。在这里大家务必注意："大差法"中，累加数列是将相同施工过程在不同施工段上进行累加再错位相减，掌握方法的根本才能在做题时得心应手，切勿被思维定式误导。

（2）考查模板安全管理，学员所给答案正确，但是大体不够规范，对于案例题，大家一定要规范答题，分条作答。首先列出"不妥之处一"是什么，紧跟着描述正确做法，这样条理清晰，有助于阅卷人抓住自己的关键词，以免"采分点"被忽略。

（3）考查模板的拆除顺序，属于高频考点考查，难度小，联系平时进入电梯的顺序即可掌握。

（4）考查不可抗力索赔的原则，大家务必记住，不可抗力索赔的原则是："工期顺延，费用自理"，并不是不可抗力发生后所有的费用都是由发包方承担。本题中"施工机械设备重新购置和修理费用29万元"就属于施工单位自己应该承担的部分。

【参考答案】

1. A、B、C、D四个施工过程之间的流水步距计算如下：

（1）A、B的流水步距 $K_{A,B}$ 为：

12	24	43	56	
—	18	38	56	78
12	6	5	0	−78

$K_{A,B}=12d$。

（2）B、C的流水步距 $K_{B,C}$ 为：

18	38	56	78	
—	25	50	70	92
18	13	6	8	−92

$K_{B,C}=18d$。

（3）C、D的流水步距 $K_{C,D}$ 为：

25	50	70	92	
—	12	25	40	54
25	38	45	52	−54

$K_{C,D}=52d$。

计划工期 $T=(12+18+52)+(12+13+15+14)=136$（d）。

2.（1）不妥之处及正确做法如下：

不妥之处一：最顶部两水平拉杆中间加设了一道水平拉杆。

正确做法：首层阶梯报告厅局部层高21m，当层高大于20m时，在最顶两步距水平拉杆中间应分别增加一道水平拉杆。

不妥之处二：水平拉杆的端部与四周建筑物间隔100mm。

正确做法：水平拉杆的端部均应与四周建筑物顶紧顶牢。

（2）水平拉杆无处可顶时的措施是：应于水平拉杆端部和中部沿竖向设置连

续式剪刀撑。

3. 模板拆除的顺序和方法是：先支的后拆，后支的先拆，先拆非承重的模板，后拆承重的模板及支架。

4. 事件三中，各项索赔成立与否判断和理由分别如下：

（1）工程清理、恢复费用18万元：索赔成立。

理由：根据合同约定，不可抗力导致工程本身的损失及清理、恢复费用由发包人承担。

（2）施工机械设备重新购置和修理费用29万元：索赔不成立。

理由：根据合同约定，不可抗力导致施工机械设备的损毁由承包人承担。

（3）工期顺延6d：索赔成立。

理由：根据合同约定，不可抗力事件导致的工期延误可以顺延。

案例分析题二

【背景资料】

某商业建筑工程，地上7层，砖混结构，建筑面积24 000mm²，外窗采用铝合金窗，内门采用金属门。在施工过程中发生了如下事件：

事件一：土方由挖掘机分层开挖至槽底设计标高，验槽时发现基底局部有0.5～1m的软土层，施工单位自行进行地基处理，将软土挖出，回填石屑。

事件二：二层现浇混凝土楼板出现收缩裂缝，经项目经理部分析认为原因有：混凝土原材料质量不合格（集料含泥量大）、水泥和掺合料用量超出规范规定。同时提出了相应的防治措施：选用合格的原材料、合理控制水泥和掺合料用量。监理工程师认为项目经理部的分析不全面，要求进一步完善原因分析和防治方法。

事件三：监理工程师对门窗工程检查时发现：外窗未进行三性检查，内门采用"先立后砌"安装方式，外窗采用射钉固定安装方式。监理工程师对存在的问题提出整改要求。

事件四：节能分部工程完工后，监理工程师组织质量员和监理员进行节能验收。

【问题】

1. 指出事件一中的不妥之处并说明理由。

2. 事件二中，出现裂缝的原因还可能有哪些？并补充完善其他常见的防治方法。

3. 事件三中，建筑外墙铝合金窗的三性试验是指什么？分别写出门窗安装的不妥之处，并写出正确做法。

4. 事件四中，节能验收是否妥当？为什么？

【学员版答案】

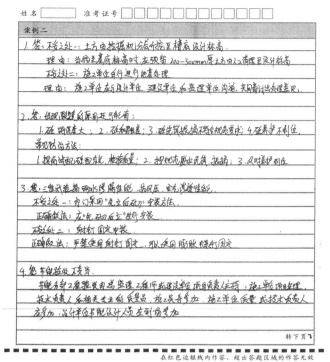

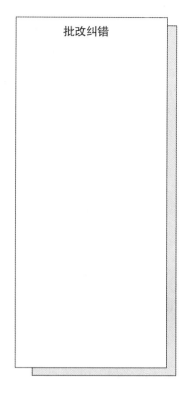

批改纠错

在红色边框线内作答，超出答题区域的作答无效

【解题思路】

（1）考查土方开挖的质量管理，土方开挖不能直接挖到底部，以免超挖后破坏基底土，属于重要的质量控制点。此处答题时注意，应预留200～300mm厚度的土方进行人工清槽。

（2）考查混凝土收缩裂缝的原因，与现场结合紧密，考核考生解决实际问题的能力。此问题主要从材料、浇筑和养护等几个方面去分析描述。

（3）考查门窗"三性"试验以及门窗的安装方式。考试答题注意使用专业术语，避免通俗语言，防止被扣分。

（4）考查节能分部工程的验收组织。质量管理一般结合质量验收进行考查。节能分部工程验收应由总监理工程师（建设单位项目负责人）组织并主持，施工单位项目负责人、项目技术负责人和相关专业的负责人、质量检查员、施工员参加验收；施工单位的质量或技术负责人应参加验收；设计单位项目负责人及相关专业负责人应参加验收；主要设备、材料供应商及分包单位负责人、节能设计人员应参加验收。

【参考答案】

1. 不妥之一：机械开挖至槽底设计标高，未留人工清槽土层。

理由：基坑采用机械开挖，当将挖到基底和边坡设计标高、尺寸时，应预留

200～300mm 厚度的土方，进行人工清槽、修坡，避免超挖，扰动基底的土层。（一建内容）

不妥之二：施工单位自行进行地基处理。

理由：施工单位应及时与设计单位、监理或建设单位沟通，共同商讨处理意见，形成书面洽商文件，并四方签字认可。（补充内容）

2. 事件二中，出现裂缝的原因还可能有：

（1）混凝土水胶比偏大。

（2）混凝土坍落度偏大。

（3）和易性差。

（4）混凝土浇筑振捣不及时。

（5）混凝土养护不及时或养护差。

其他常见的防治方法有：

（1）根据现场情况、图纸设计和规范要求，由有资质的试验室配制合适的混凝土配合比，并确保搅拌质量。

（2）确保混凝土浇筑振捣密实，并在初凝前进行二次抹压。

（3）确保混凝土及时养护，并保证养护质量满足要求。

3. （1）建筑外墙铝合金窗的三性试验是指建筑外墙金属窗的抗风压性能、空气渗透性能和雨水渗漏性能。

（2）内门采用"先立后砌"安装方式不妥。

正确做法：内门采用"先砌后立"安装方式。

外窗采用射钉固定安装方式错误。

正确做法：砖墙洞口应用膨胀螺钉固定，严禁用射钉固定。

4. （1）事件四中，节能验收不妥当。

（2）节能分部工程验收应由总监理工程师（建设单位项目负责人）主持，施工单位项目经理、项目技术负责人和相关专业的质量检查员、施工员参加；施工单位的质量或技术负责人参加；设计单位项目负责人及相关专业负责人应参加验收；主要设备、材料供应商及分包单位负责人、节能设计人员应参加验收。

案例分析题三

【背景资料】

某建设单位新建办公楼，与甲施工单位签订施工总承包合同。该工程门厅大堂内墙设计做法为干挂石材，多功能厅隔墙设计做法为石膏板骨架隔墙。施工过程中发生下列事件：

事件一：装饰装修工程施工时，甲施工单位组织大堂内墙与地面平行施工。

监理工程师要求补充交叉作业专项安全措施。

事件二：施工现场入口仅设置了施工现场总平面图、工程概况牌，检查组认为制度牌设置不完整，要求补充。工人宿舍室内净高2.3m，封闭式窗户，每个房间住20名工人，建筑施工安全检查组认为不符合相关要求，对此下发了通知单。

事件三：工程完工后进行室内环境污染物浓度检测，结果不达标，经整改后再次检测达到相关要求。

事件四：建筑施工安全检查组按《建筑施工安全检查标准》（JGJ 59—2011）对本次安全检查，汇总表总得分为78分，但某分项检查评分表得零分。

【问题】

1. 事件一中，交叉作业安全控制应注意哪些要点？

2. 事件二中，施工现场入口还应设置哪些制度牌？现场工人宿舍应如何整改？

3. 事件三中，室内环境污染物浓度再次检测时，应如何取样？

4. 事件四中，建筑施工安全检查评定结论有哪些等级？本次检查应评定为哪个等级？

【学员版答案】

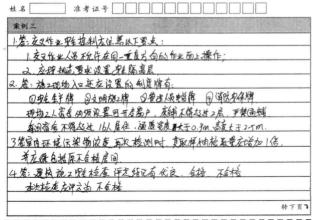

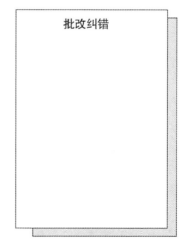

在红色边框线内作答，超出答题区域的作答无效

【解题思路】

（1）考查交叉作业安全控制要点。此题回答一部分容易，但是往往回答不全面，得满分难。回答应从两方面入手：一是不能垂直作业，二是注意设置安全隔离层。

（2）考查"五牌一图"的内容，需要准确记忆才能得分。

（3）抽检数量应增加1倍的答案一般都能答出，但是回答不全面，容易遗漏"包含原不合格同类型房间和原不合格房间"。

（4）考查安全检查评定等级。

1）优良：分项检查评分表无零分，汇总表得分值≥80分。

2）合格：分项检查评分表无零分，70≤汇总表得分值<80分。

3）不合格：①当汇总表得分值＜70分时；②当有一分项检查评分表为零时。

有的考生一看汇总表得分78，直接判定为合格，要知道只要有一个分项检查评分表为0时就是不合格。

【参考答案】

1. 交叉作业安全控制要点如下：

（1）交叉作业人员不允许在同一垂直方向上操作，要做到上部与下部作业人员的位置错开，使下部作业人员的位置处在上部落物的可能坠落半径范围以外。

（2）当不能满足要求时，应设置安全隔离层进行防护。

2.（1）施工现场入口还应设置的制度牌有：管理人员名单及监督电话牌、消防保卫牌、安全生产牌、文明施工和环境保护牌。

（2）施工现场工人宿舍的整改：必须设置可开启式窗户，宿舍内的床铺不得超过2层；每间宿舍居住人员不得超过16人；宿舍内通道宽度不得小于0.9m，室内净高不得小于2.5m。

3. 室内环境污染物浓度再次检测时，其取样抽检数量应增加1倍，并应包含原不合格同类型房间和原不合格房间。

4.（1）建筑施工安全检查评定结论有优良、合格、不合格三个等级。

（2）本次检查应评定为不合格。

案例分析题四

【背景资料】

某酒店工程，建筑面积28 700m²，地下1层，地上15层，现浇钢筋混凝土框架结构。建设单位依法进行招标，投标报价执行《建设工程工程量清单计价规范》（GB 50500—2013）。共有甲、乙、丙等8家单位参加了工程投标。经过公开开标、评标，最后确定甲施工单位中标。建设单位与甲施工单位按照《建设工程施工合同（示范文本）》（GF 2017—0201）签订了施工总承包合同。

工程投标及施工过程中，发生了下列事件：

事件一：在投标过程中，乙施工单位在自行投标总价基础上下浮5%进行报价。评标小组经认真核算，认为乙施工单位报价中的部分费用不符合《建设工程工程量清单计价规范》中不可作为竞争性费用条款的规定，给予废标处理。

事件二：本工程采取综合单价计价模式，甲施工单位投标报价书中分部分项工程量清单合价为8 200万元，措施费项目清单合价为360万元，暂列金额为50万元，其他项目清单合价120万元，总包服务费为30万元，企业管理费15%，利润为5%，规费为225.68万元，税金为3.41%。

事件三：7月份遇到罕见特大暴雨，导致全场停工，影响总工期10天；8月份又遇到季节性降雨，导致全场停工，影响总工期 3 天。施工单位在要求时限内向建设单位分别提出工期 10 天、工期 3 天两项索赔。

事件四：工程最后一次阶段验收合格，施工单位于 2015 年 9 月 18 日提交工程验收报告，建设单位于当天投入使用。考虑到本项目为酒店工程，建设单位以工程质量问题需在使用中才能发现为由，将工程竣工验收时间推迟到 11 月 18 日进行，并要求《工程质量保修书》中竣工日期以 11 月 18 日为准。施工单位对竣工日期提出异议。

【问题】

1. 事件一中，评标小组的做法是否正确？并指出不可作为竞争性费用项目的分别是什么？

2. 根据事件二中数据，列式计算甲施工单位的中标价是多少万元（保留两位小数）。

3. 事件三中，施工单位提出的两项索赔是否成立？分别说明理由。

4. 事件四中，施工单位对竣工日期提出异议是否合理？说明理由。写出本工程合理的竣工日期。

【学员版答案】

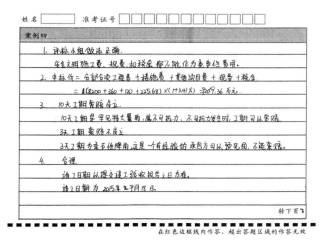

在红色边框线内作答，超出答题区域的作答无效

【解题思路】

（1）考查招投标管理要求，与法规科目联系紧密，充分体现实务科目是基础课的综合运用。

（2）考查中标造价的计算，在这里概念理解是重点，题目本身给出了多个数据，需要考生根据对概念的掌握去找出有用信息排除干扰。中标造价＝分部分项工程费＋措施项目费＋其他项目费＋规费＋税金，题目本身没有直接给出税金，但是告诉税率了，所以需要先求出税率才能计算出税金，税率的取费基数应该是：分部分项工程费＋措施项目费＋其他项目费＋规费，暂列金额属于其他项目费的一部分，不能重复计算。务必注意概念理解。

（3）考查不可抗力的索赔，重在原则规定，务必区分开工期和费用索赔。

（4）考查竣工验收日期。当事人对建设工程实际竣工日期有争议的，按照以下情形分别处理：①建设工程经竣工验收合格的，以竣工验收合格之日为竣工日期；②承包人已经提交竣工验收报告，发包人拖延验收的，以承包人提交验收报告之日为竣工日期；③建设工程未经竣工验收，发包人擅自使用的，以转移占有建设工程之日为竣工日期。

【参考答案】

1.（1）评标小组的做法正确。

（2）在投标过程中，不可作为竞争性费用项目的分别有：安全文明施工费（或安全施工费、文明施工费、环境保护费、临时设施费）、规费、税金。

2. 中标造价＝（分部分项工程量清单合价＋措施费项目清单合价＋其他项目清单合价＋规费）×（1＋3.41％）＝（8 200＋360＋120＋225.68）×（1＋3.41％）＝9 209.36（万元）。

3. 事件三中的两项索赔成立情况和理由分别如下：

（1）"10 天罕见特大暴雨停工索赔"成立；

理由：罕见特大暴雨，认定为不可抗力，工期延误属建设单位责任范围，应予以补偿。

（2）"3 天季节性降雨停工索赔"不成立；

理由：季节性降雨，为一个有经验的承包商可以预见的事项，造成工期延误属施工单位应承担的范围。

4.（1）施工单位对竣工验收日期提出异议合理。

理由：合理的竣工日期应为施工单位提交工程验收报告之日。建设单位提前投入使用的工程，工程质量存在问题可以要求施工单位进行修补，但是不能以此为由推迟竣工验收时间。

（2）本工程合理竣工日期为：2015 年 9 月 18 日。

案例分析题五

【背景资料】

某办公楼工程，钢筋混凝土框架结构，地下 1 层，地上 8 层，层高 4.5m，工程桩采用泥浆护壁钻孔灌注桩，墙体采用普通混凝土小砌块，工程外脚手架采用双排落地扣件式钢管脚手架，位于办公楼顶层的会议室，其框架柱间距为 8m×8m。项目部按照绿色施工要求，收集现场施工废水循环利用。

在施工过程中，发生了下列事件：

事件一：项目部完成灌注桩的泥浆循环清孔工作后，随即放置钢筋笼、下导管及桩身混凝土灌注，混凝土浇筑至桩顶设计标高。

事件二： 会议室顶板底模支撑拆除前，试验员从标准养护室取一组试件进行试验，试验强度达到设计强度的60%，项目部据此开始拆模。

事件三： 因工期紧，砌块生产7d后运往工地进行砌筑，砌筑砂浆采用收集的循环水进行现场拌制。墙体一次砌筑至梁底以下200mm位置，留待14d后砌筑顶紧。监理工程师进行现场巡视后责令停工整改。

事件四： 施工总承包单位对项目部进行专项安全检查时发现：①安全管理检查评分表内的保证项目仅对"安全生产责任制""施工组织设计及专项施工方案"两项进行了检查；②外架立面剪刀撑间距12m，由底至顶连续设置；③电梯井口处设置活动的防护栅门，电梯井内每隔四层设置一道安全平网进行防护。检查组下达了整改通知单。

【问题】

1. 分别指出事件一中的不妥之处，并写出正确做法。

2. 事件二中，项目部的做法是否正确？说明理由，当设计无规定时，通常情况下模板拆除顺序的原则是什么？

3. 针对事件三中的不妥之处，分别写出相应的正确做法。

4. 事件四中，安全管理检查评分表的保证项目还应检查哪些？写出施工现场安全设置需整改项目的正确做法。

【学员版答案】

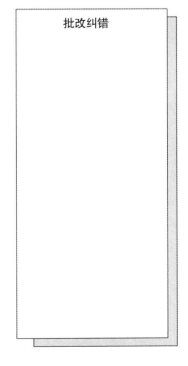

【解题思路】

（1）考查泥浆护壁成孔灌注桩的施工技术，经常考查的是二次清孔，这是一个重要的质量控制点。

（2）混凝土结构工程施工技术会结合案例进行考查，其中模板工程，拆除的条件和顺序是关键，考查频度较高。

（3）砌体结构一般围绕砌块、砂浆和砌筑要求来进行。在这里，涉及龄期的一般都是28天。

（4）安全检查中，对于电梯、井口要重点掌握，其中电梯安全网的布设以及井口安全防护设施的规定是考查的要点。

【参考答案】

1.（1）不妥之处一：项目部完成灌注桩的泥浆循环清孔工作后，随即放置钢筋笼、下导管及桩身混凝土灌注。

正确做法：下导管之后进行二次循环清孔。

（2）不妥之处二：混凝土浇筑至桩顶设计标高。

正确做法：混凝土浇筑超过设计标高 0.8m～1.0m。

2.（1）事件二中项目部的做法不正确。

理由：试样应该在同样条件下养护后测试，框架间距为 8m×8m 时，强度达到 75% 后才能拆模。

（2）拆模顺序为：后支先拆、先支后拆，先拆除非承重部分后拆除承重部分。

3.（1）不妥之处一：砌块生产 7d 后运往工地进行砌筑。

正确做法：砌块应达到 28d 龄期再使用。

（2）不妥之处二：砌筑砂浆采用收集的循环水进行现场拌制。

正确做法：砌筑砂浆宜采用自来水。（收集的循环水进行二次沉淀并处理达标可以使用）

（3）不妥之处三：墙体一次砌筑至梁底以下 200mm 位置。

正确做法：根据《砌体结构工程施工规范》（GB 50924—2014），正常施工条件下，小砌块砌体每日砌筑高度宜控制在 1.4m 或一步脚手架高度内。（提示：此处考查内容超纲，简单了解即可。注意与砖砌体区分。）

4.（1）安全管理检查评定保证项目还应包括：安全技术交底、安全检查、安全教育、应急救援。

（2）整改项目的正确做法：

1）电梯井应设置固定的防护栅门。

2）电梯井内每隔两层（不大于 10m）设一道安全平网进行防护。

3）因层高大于 24m，应在外侧立面整个长度和高度上连续设置剪刀撑。

PART

第四部分

模拟练习

4

案例分析题一

【背景资料】

某综合楼工程，地下 3 层，地上 20 层，总建筑面积 68 000m²，地基基础设计等级为甲级，灌注桩筏板基础，现浇钢筋混凝土框架-剪力墙结构。建设单位与施工单位按照《建设工程施工合同（示范文本）》（GF—2017—0201）签订了施工合同。

事件一： 基础桩设计桩径 φ 为 800mm。长度 35m～42m，混凝土强度等级 C30，共计 900 根，施工单位编制的桩基施工方案中列明，采用泥浆护壁成孔，导管法水下灌注 C30 混凝土，灌注时桩顶混凝土面超过设计标高 500mm，每根桩（12h 内完成）留置 1 组混凝土试件，成桩后按总桩数的 10% 对桩身完整性进行检验，监理工程师审查时认为方案存在错误，要求施工单位改正后重新上报。

事件二： 装修施工单位将地上标准层（F6～F20）划分为三个施工段组织流水施工，各施工段上均包含三个施工工序，其流水节拍见表 4-1：

表 4-1　标准层装修施工流水节拍参数一览表　　（时间单位：周）

流水节拍		施工过程		
		工序（1）	工序（2）	工序（3）
施工段	F6～F10	4	3	3
	F11～F15	3	4	6
	F16～F20	5	4	3

事件三： 建设单位采购的材料进场复检结果不合格，监理工程师要求退场；因停工待料导致窝工，施工单位提出 8 万元费用索赔。材料重新进场施工完毕后，监理验收通过；由于该部位的特殊性，建设单位要求进行剥离检验，检验结果符合要求；剥离检验及恢复共发生费用 4 万元，施工单位提出 4 万元费用索赔，上述索赔均在要求时限内提出，数据经监理工程师核实无误。

事件四： 工程竣工后，幕墙专业分包单位将资料整理后移交监理工程师，再由监理工程师移交建设单位；总包单位将自施的资料整理后直接移交建设单位。

【问题】

1. 指出事件一中桩基施工方案中的错误之处，并分别写出相应的正确做法。

2. 根据事件二，参照图 4-1 图示，在答题卡上相应位置绘制标准层装修的流水施工横道图。

施工过程	施工进度（周）										
	1	2	3	4	5	6	7	8	9	10	…
工序（1）											
工序（2）											
工序（3）											

图 4-1 施工横道图示意图

3. 事件三中，分别判断施工单位提出的两项费用索赔是否成立，并写出相应的理由。

4. 事件四中有哪些不妥之处？写出资料移交的正确做法。

【答案书写】

案例分析题二

【背景资料】

某工程整体地下室2层，主楼地上24层，裙房地上4层，钢筋混凝土全现浇框架-剪力墙结构。基础为整体筏板，外围保护结构为玻璃幕墙和石材幕墙。

施工过程中，发生了如下事件：

事件一： 进场后，即进行场地高程测量，已知后视点高程是50.128m，测量时后视读数为1.116m，前视点读数为1.235m。接着根据设计图纸进行平整场地，结束后，施工单位立即进行了工程定位和测量放线，然后即进行土方开挖工作，整修基坑采取大放坡开挖。

事件二： 基坑验槽经钎探检查，发现基坑内裙房部位存在局部软弱下卧层，项目总工召集所有技术人员开现场会议，决定采取灌浆补强，并会同监理人员重新验槽且形成记录。

事件三： 施工总承包单位将地下连续墙工程分包给某具有相应资质的专业公司，未报建设单位审批；依合同约定将装饰装修工程分包给具有相应资质的装饰装修公司，且在安全管理协议中约定分包工程安全事故责任全部由分包单位承担。

事件四： 施工中，施工单位对幕墙与各楼层楼板间的缝隙防火隔离处理进行了检查；对幕墙的耐风压性能、气密性、水密性、层间变形性能等有关安全和功能检测项目进行了见证取样或抽样检验。

【问题】

1. 列式计算事件一中前视点高程。土方开挖过程中应检查的内容有哪些（至少列出三项）？有支护土方工程可采用的挖土方法有哪些？

2. 事件二中，施工单位对软弱下卧层的处理程序是否妥当？并说明理由。

3. 指出事件三中的不妥之处，分别说明理由。

4. 事件四中，建筑幕墙与各楼层楼板间的缝隙隔离的主要防火构造做法是什么？幕墙工程中有关安全和功能的检测项目还有哪些？

【答案书写】

案例分析题三

【背景资料】

某新建教学楼工程，采用公开招标的方式，确定某施工单位中标。双方按《建设工程施工合同（示范文本）》（GF—2017—0201）签订了施工总承包合同。合同约定总造价14 250万元，预付备料款2 800万元，每月底按月支付施工进度款。

在招标和施工过程中，发生了如下事件：

事件一： 政府为了控制建安成本，指定了专门的招标代理机构。招标代理机构在招标文件发售后的第二天，发现甲施工单位在一个月前发生过重大质量事故，于是取消了甲施工单位的投标资格。

事件二： 合同约定主要材料按占总造价比重55%计，预付备料款在起扣点之后的五次月度支付中扣回。

事件三： 基坑施工时正值雨季，连续降雨致停工6天，造成人员窝工损失2.2万元。一周后出现了罕见特大暴雨，造成停工2天，施工机械设备损坏1.4万元。针对上述情况，施工单位分别向监理单位上报了这四项索赔申请。

事件四： 工程验收前，相关单位对一间240m²的公共教室选取4个检测点，进行了室内环境污染物浓度的检测，其中两个主要指标的检测数据见表4-2：

表4-2 室内环境污染物浓度检测表

点位	1	2	3	4
甲醛（mg/m³）	0.08	0.06	0.05	0.05
氨（mg/m³）	0.20	0.15	0.15	0.14

【问题】

1. 事件一中政府做法是否妥当？说明理由。招标代理机构的做法是否妥当？说明理由。

2. 事件二中，列式计算预付备料款的起扣点是多少万元？（精确到小数点后两位）

3. 事件三中，分别判断四项索赔是否成立？并写出相应的理由。

4. 事件四中，该房间检测点的选取数量是否合理？说明理由。该房间两个主要指标的报告检测值为多少？分别判断该两项检测指标是否合格？

【答案书写】

案例分析题四

【背景资料】

某图书馆工程，建筑面积 45 000m²，地下 2 层，地上 26 层，框架-剪力墙结构。

施工过程中，发生了如下事件：

事件一：项目部编制的项目管理实施规划中，对人力资源、材料管理等各种资源管理进行了策划，在资源管理中建立了相应的资源控制程序，其中材料管理制度规定了材料的使用、限额领料。

事件二：项目部在编制的"项目环境管理规划"中，提出了创造文明有序、安全生产条件和氛围等文明施工的工作内容。制定了一系列文明施工管理制度，并从现场实际条件出发，做了以下具体安排：现场宿舍室内净高为 2.2m，每间宿舍住宿人员为 20 人，通道宽度为 0.6m。

事件三：监理工程师在消防工作检查时，发现一只手提式灭火器直接挂在工人宿舍外墙的挂钩上，其顶部离地面的高度为 1.6m。

事件四：根据《建设工程工程量清单计价规范》（GB 50500—2013），建设单位进行了编制招标文件和竣工验收等五个阶段工作。

【问题】

1. 事件一中，项目管理机构应编制哪些人力资源计划？材料管理制度除了规定材料的使用、限额领料外还应规定哪些方面？

2. 事件二中，文明施工还包括哪些内容？项目经理部对工人的住宿安排合理吗？请说明理由。

3. 事件三中，有哪些不妥之处并说明正确做法。手提式灭火器还有哪些放置方法？

4. 事件四中，建设单位还包括哪几个工作阶段？根据《建设工程工程量清单计价规范》（GB 50500—2013），建设工程项目包括哪些工程造价？

【答案书写】

案例分析题五

【背景资料】

某建筑工程，建筑面积3.8万m²，地下1层，地上16层。施工单位（以下简称"乙方"）与建设单位（以下简称"甲方"）签订了施工总承包合同，合同期600d。合同约定工期每提前（或拖后）1d奖励（或罚款）1万元。乙方将屋面和设备安装两项工程的劳务进行了分包，分包合同约定，若造成乙方关键工作的工期延误，每延误1d，分包方应赔偿损失1万元。主体结构混凝土施工使用的大模板采用租赁方式，租赁合同约定，大模板到货每延误1d，供货方赔偿1万元。乙方提交了施工网络计划，并得到了监理单位和甲方的批准。网络计划示意图如图4-2所示。

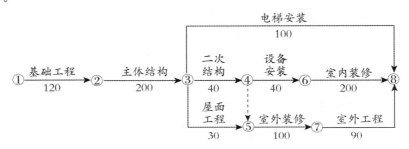

图4-2 网络计划示意图

施工过程中发生了以下事件：

事件一： 底板防水工程施工时，因特大暴雨突发洪水原因，造成基础工程施工工期延长5d，因人员窝工和施工机械闲置造成乙方直接经济损失10万元。

事件二： 主体结构施工时，大模板未能按期到货，造成乙方主体结构施工工期延长10d，直接经济损失20万元。

事件三： 屋面工程施工时，乙方的劳务分包方不服从指挥，造成乙方返工，屋面工程施工工期延长3d，直接经济损失0.8万元。

事件四： 中央空调设备安装过程中，甲方采购的制冷机组因质量问题退换货，造成乙方设备安装工期延长9d，直接费用增加3万元。

事件五： 因为甲方对外装修设计的色彩不满意，局部设计变更通过审批后，使乙方外装修晚开工30d，直接费损失0.5万元；其余各项工作，实际完成工期和费用与原计划相符。

【问题】

1. 指出该网络计划的关键线路（用网络图节点表示）。

2. 指出乙方向甲方索赔成立的事件，并分别说明索赔内容和理由。

3. 分别指出乙方可以向大模板供货方和屋面工程劳务分包方索赔的内容和

理由。

4. 该工程实际总工期多少天？乙方可得到甲方的工期补偿为多少天？工期奖（罚）款是多少万元？

【答案书写】

案例分析题六

【背景资料】

某市大学城园区新建音乐学院教学楼，其中，中庭主演播大厅层高 5.4m，双向跨度 19.8m，设计采用现浇混凝土井字梁。施工过程中发生了如下事件：

事件一：模架支撑方案经施工单位技术负责人审批后报监理签字，监理工程师认为其支撑高度超过 5m，需进行专家论证。

事件二：按监理工程师提出的要求，施工单位组织成立由企业总工程师、监理、设计单位技术负责人以及外单位相关专业专家共计七人组成的专家组，对模架方式进行论证。专家组提出口头论证意见后离开，论证会结束。

事件三：在演播大厅屋盖混凝土施工过程中，因西侧模板支撑系统失稳，发生局部坍塌，造成东侧刚浇筑的混凝土顺斜面向西侧流淌，致使整个楼层模架全部失稳而相继倒塌。整个事故未造成人员死亡，但重伤 9 人，轻伤 14 人，估计直接经济损失达 1 300 万元。事故发生后，施工单位立刻向相关部门报告事故发生情况。

【问题】

1. 事件一中，监理工程师说法是否正确？为什么？该方案是否需要进行专家论证？为什么？

2. 指出事件二中不妥之处，并分别说明理由。

3. 事件三中，按造成损失严重程度划分应为什么类型事故？并给出此类事故的判定标准。

4. 生产安全事故发生后，报告事故应包括哪些主要内容（至少列出四条）？

【答案书写】

案例分析题七

【背景资料】

某施工单位承建了天津市某医院门诊楼工程，地下2层，地上5层，建筑总高20m。钢筋混凝土筏板基础，地上结构为钢筋混凝土框架结构，填充墙为普通混凝土小型空心砌块。

施工过程中发生了如下事件：

事件一：基础工程施工完成后，施工单位自检合格、总监理工程师签署"质量控制资料符合要求"审查意见的基础上，监理工程师组织施工单位项目负责人、项目技术负责人、建设单位项目负责人进行了地基与基础分部工程的验收。

事件二：外装修施工时，施工单位搭设了扣件式钢管脚手架，如图4-3所示，架体搭设完成后，进行了验收检查，提出了整改意见。

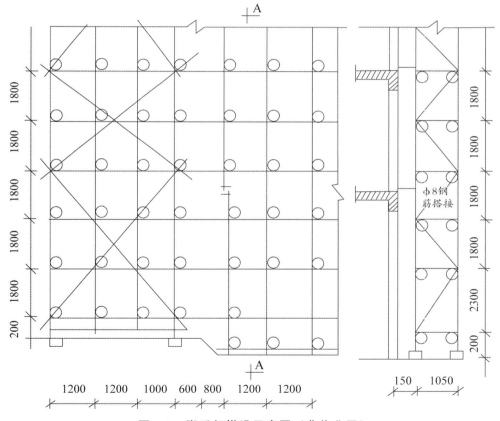

图 4-3 脚手架搭设示意图（非作业层）

事件三：填充墙砌体采用单排孔轻骨料混凝土小砌块，专用小砌块砂浆砌筑。现场检查中发现：进场的小砌块产品龄期达到21d后，即开始浇水湿润，待小砌块表面出现浮水后，开始砌筑施工；砌筑时将小砌块的底面朝上反砌于墙上，小砌块的搭接长度为块体长度的 1/3；填充墙砌筑 7d 后进行顶砌施工；为施工方便，在部分墙体上留置了净宽度为 1.2m 的临时施工洞口。监理工程师要求对错误之处进行整改。

事件四：地上框架结构存在主次梁，在主次梁交汇处，关于钢筋摆放上下顺序监理与施工技术员认识发生分歧，上报总监理工程师处理。

【问题】

1. 事件一中，监理工程师组织基础工程验收是否妥当？说明理由。本工程地基基础分部工程验收还应包括哪些人员参加？

2. 指出事件二中脚手架搭设的错误之处并说明正确做法。哪些情况需对脚手架及其地基基础进行检查验收。

3. 指出事件三中填充墙砌体施工的不妥之处，并给出正确做法。

4. 请给出事件四中主梁、次梁、板钢筋的上下放置正确顺序。

【答案书写】

案例分析题八

【背景资料】

某框架-剪力墙结构体系。经公开招投标，甲施工单位中标。双方根据《建设工程施工合同（示范文本）》（GF—2017—0201）签订了施工承包合同，合同工期10个月。合同工程量清单报价中写明：瓷砖墙面积为1 000 m²，综合单位为110元/m²。

在合同履行过程中，发生了如下事件：

事件一： 开工后发现，施工资源配置不当，需增加2台塔吊。项目部修改了《施工组织设计》后并重新审批后继续施工。

事件二： 施工过程中，建设单位调换了瓷砖的规格型号。经施工单位核算综合单价为150元/m²。该分项工程施工完成后，经监理工程师实测确认瓷砖粘贴面积为1 200 m²，但建设单位未确认变更单价，施工单位用挣值法进行了成本分析。

事件三： 由于开发公司原因，导致C工作（关键工作）停工8d，专业分包单位当即就停工造成的损失向甲施工单位递交索赔报告，索赔误工损失8万元和工期损失8d。甲施工单位认为该停工的责任是开发公司造成的，专业分包单位应该直接向开发公司提出索赔，拒收专业分包的索赔报告。

事件四： 开发公司指定分包的施工现场管理混乱，形成大量安全隐患，开发公司责令甲施工单位加强管理并提出了整改意见。甲施工单位认为指定分包的安全管理属于专业分包单位责任，非总包单位的责任范围。

【问题】

1. 除了事件一的情况外，需要修改施工组织设计的情况还有哪些？

2. 计算墙面瓷砖粘贴分项工程的BCWS、BCWP、ACWP、CV，并分析成本情况。

3. 事件三中，甲施工单位的做法是否正确？说明理由。专业分包可以获得索赔金额和天数各是多少？

4. 事件四中，甲施工单位的做法是否正确？说明理由。

【答案书写】

案例分析题九

【背景资料】

某群体工程，主楼地下2层，地上8层，总建筑面积26 800m²，现浇钢筋混凝土框架结构，建设单位分别与施工单位，监理单位按照《建设工程施工合同（示范文本）》（GF—2017—0201）、《建设工程监理合同（示范文本）》（GF—2012—0202）签订了施工合同和监理合同。

合同履行过程中，发生了下列事件：

事件一： 工程结构施工至三层时，施工总承包企业组织安全巡查，发现安全技术交底只有交底人签字。施工负责人在分派生产任务时，只对管理人员进行了书面安全技术交底。

事件二： 某单位工程的施工进度计划网络图如图4-4所示，因工艺设计采用某专利技术，工作F需要工作B和工作C完成以后才能开始施工，监理工程师要求施工单位对该进度计划网络图进行调整。

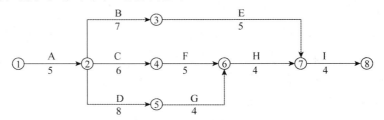

图4-4 施工进度计划网络图（单位：月）

事件三： 当地发生百年一遇大暴雨引发泥石流，导致工作E停工，清理恢复施工共用时3个月，造成施工设备损失费用8.2万元、清理和修复工程费用24.5万元。针对上述事件，施工单位在有效时限内分别向建设单位提出3个月的工期索赔和32.7万元的费用索赔（所有事项均与实际相符）。

事件四： 监理工程师对室内装饰装修工程检查验收后，要求在装饰装修完工后第5天进行TVOC等室内环境污染物浓度检测。项目部对检测时间提出异议。

【问题】

1. 事件一中有哪些不妥之处，并分别写出正确做法。

2. 绘制事件二中调整后的施工进度计划网络图（双代号），指出其关键线路（用工作表示），并计算其总工期（单位：月）。

3. 事件三中，指出施工单位提出的工期和费用索赔是否成立，并说明理由。

4. 项目部对检测时间提出异议是否正确？并说明理由。针对本工程，室内环境污染物浓度检测还应包括哪些项目？

【答案书写】

案例分析题十

【背景资料】

某框架-剪力墙结构，填充墙体采用蒸压加气混凝土砌块，钢筋现场加工。其中，筏板基础混凝土等级为 C30，内配双层钢筋网，主筋为三级 20 螺纹钢，基础筏板下三七灰土夯实，无混凝土垫层。

施工过程中，发生如下事件：

事件一： 项目部编制《施工组织设计》中规定：钢筋接头位置设置在受力较小处。柱钢筋的绑扎应在柱模板安装后进行；框架梁、牛腿及柱帽等钢筋，应放在柱子纵向钢筋的外侧。基础筏板钢筋保护层厚度控制在 40mm；钢筋交叉点按照相隔交错扎牢；绑扎点的钢丝扣绑扎方向要求一致；上下两层钢筋网之间拉勾要绑扎牢固，以保证上、下两层钢筋网相对位置准确。监理工程师审查时，认为存在诸多错误，指令修改后重新报审。

事件二： 监理单位巡视第四层施工现场时，发现蒸压加气混凝土砌块填充墙墙体直接从结构楼面开始砌筑，砌筑到梁底间歇 7 天后立即将其补砌挤齐。

事件三： 砌筑施工时，监理工程师现场巡查，发现砌筑工程中留设脚手眼位置不符合相关规范规定，下发监理通知书，责令施工单位整改后复工。

事件四： 主体结构分部工程完工后，施工总承包单位向项目监理单位提交了该子分部工程验收申请报告和相关资料。监理工程师审核相关资料时，发现缺少结构实体检验资料，提出了"结构实体检验应在专业监理工程师见证下，由施工单位项目负责人组织实施的要求"。

【问题】

1. 指出事件一中不妥之处，并分别写出正确做法。

2. 根据《砌体工程施工质量验收规范》，指出事件二中填充墙砌筑过程中的错误做法，并分别写出正确做法。

3. 针对事件三中监理通知书的事项，写出砌体工程不能设置脚手眼的部位。

4. 根据《混凝土结构工程施工质量验收规范》，指出事件四中监理工程师要求中的错误之处，并写出正确的做法。结构实体检验的内容包括哪些方面？

【答案书写】

案例分析题十一

【背景资料】

某大学城工程，包括结构形式与建筑规模一致的四栋单体建筑，每栋建筑面积为 21 000m²，地下 2 层，地上 18 层，层高 4.2m，钢筋混凝土框架-剪力墙结构。A 施工单位与建设单位签订了施工总承包合同。合同约定：除主体结构外的其他分部分项工程施工，总承包单位可以自行依法分包；建设单位负责供应油漆等部分材料。合同约定总造价 14 250 万元。

合同履行过程中，发生了下列事件：

事件一： 由于工期较紧，A 施工单位经过建设单位同意，将其中两栋单体建筑的室内精装修和幕墙工程分包给具备相应资质的 B 施工单位。B 施工单位经 A 施工单位同意后，将其承包范围内的幕墙工程分包给具备相应资质的 C 施工单位组织施工，油漆劳务作业分包给具有相应资质的 D 施工单位组织施工。

事件二： 施工总承包单位进场后，采购了 110 吨 Ⅱ 级钢筋，钢筋出厂合格证明资料齐全。施工总承包单位将同一炉罐号的钢筋组批，在监理工程师见证下，取样复试。复试合格后，施工总承包单位在现场采用冷拉方法调直钢筋，冷拉率控制为 3%。监理工程师责令施工总承包单位停止钢筋加工工作。

事件三： 油漆作业完成后，发现油漆成膜存在质量问题，经鉴定，原因是油漆材质不合格。B 施工单位就由此造成的返工损失向 A 施工单位提出索赔。A 施工单位以油漆属建设单位供应为由，认为 B 施工单位应直接向建设单位提出索赔。B 施工单位直接向建设单位提出索赔，建设单位认为油漆在进场时已由 A 施工单位进行了质量验证并办理接收手续，其对油漆材料的质量责任已经完成，因油漆不合格而返工的损失由 A 施工单位承担，建设单位拒绝受理该索赔。

事件四： 合同中约定，根据人工费和四项主要材料的价格指数对总造价按调值公式法进行调整。各调值因素的比重、基准和现行价格指数见表 4-3：

表 4-3　各调值因素的比重、基准和现行价格指数

可调项目	人工费	材料 Ⅰ	材料 Ⅱ	材料 Ⅲ	材料 Ⅳ
因素比重	0.15	0.30	0.12	0.15	0.08
基期价格指数	0.99	1.01	0.99	0.96	0.78
现行价格指数	1.12	1.16	0.85	0.80	1.05

【问题】

1. 分别判断事件一中 A 施工单位、B 施工单位、C 施工单位、D 施工单位之间的分包行为是否合法？并逐一说明理由。

2. 指出事件二中施工总承包单位做法的不妥之处，分别写出正确做法。

3. 分别指出事件三中的错误之处，并说明理由。

4. 事件四中，列式计算经调整后的实际结算价款应为多少万元？（精确到小数点后两位）

【答案书写】

案例分析题十二

【背景资料】

某办公楼工程，地下 2 层，地上 10 层，总建筑面积 27 000m²，现浇钢筋混凝土框架结构，抗震等级一级，建设单位与施工总承包单位签订了施工总承包合同，双方约定工期为 20 个月，建设单位供应部分主要材料。

在合同履行过程中，发生了下列事件：

事件一：施工总承包单位按规定向项目监理工程师提交了施工总进度计划网络图，如图 4-5 所示，该计划通过了监理工程师的审查和确认。

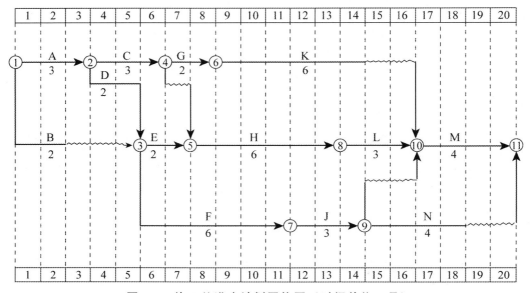

图 4-5　施工总进度计划网络图（时间单位：月）

事件二：工作 B（特种混凝土工程）进行 1 个月后，因建设单位原因修改设计，导致停工 2 个月，设计变更后，施工总承包单位及时向监理工程师提出了费用索赔申请表，见表 4-4，索赔内容和数量经监理工程师审查符合实际情况。

表 4-4　费用索赔申请一览表

序号	内容	数量	计算式	备注
1	新增特种混凝土工程费	500m³	500×1 050＝525 000（元）	新增特种混凝土工程综合单价 1 050 元/m³
2	机械设备闲置费补偿	60 台班	60×210＝12 600（元）	台班费 210 元/台班
3	人工窝工费补偿	1 600 工日	1 600×85＝136 000（元）	人工工日单价 85 元/工日

事件三：在施工过程中，由于建设单位供应的主材未能按时交付给施工单位，致使工作 K 的实际进度在第 11 月底实施拖后 3 个月；部分施工机械由于施工总承包单位原因未能按时进场，致使工作 H 的实际进度在第 11 月底时拖后 1 个月；在

工作 F 进行过程中，由于施工工艺不符合施工规范要求导致发生质量问题，被监理工程师责令整改，致使工作 F 的实际进度在第 11 月底时拖后 1 个月，施工总承包单位就工作 K、H、F 工期拖后分别提出了工期索赔。

　　事件四：项目部按规定向监理工程师提交调直后 HRB400E ⏀ 12 钢筋复试报告。主要检测数据为：抗拉强度实测值 561N/mm²，屈服强度实测值 460N/mm²，（HRB400E ⏀ 12 钢筋：屈服强度标准值 400N/mm²，极限强度标准值 540N/mm²）。

　　【问题】

　　1. 事件一中，施工总承包单位应重点控制哪条线路（以网络图节点表示）？

　　2. 事件二中，索赔是否成立？费用索赔申请一览表中有哪些不妥之处？分别说明理由。

　　3. 事件三中，分别分析工作 K、H、F 的总时差，并判断其进度偏差对施工进度的影响，分别判断施工总承包单位就工作 K、H、F 工期拖后提出的索赔是否成立？

　　4. 事件四中，有较高要求的抗震结构钢筋除满足规定的强度特征值要求外，还应满足那些要求？判断检测报告中该指标是否符合要求？

【答案书写】

案例分析题十三

【背景资料】

某办公楼工程，地下1层，地上10层，现浇钢筋混凝土框架结构，预应力管桩基础。建设单位与施工总承包单位签订了施工总承包合同。按合同约定，施工总承包单位将预应力管桩工程分包给了符合资质要求的专业分包单位。施工总承包单位进场后，按合同要求提交了施工总进度计划，如图4-6所示，并经过监理工程师审查和确认。

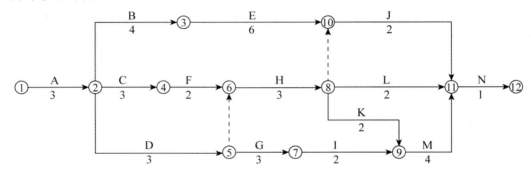

图4-6 施工总进度计划网络图（单位：月）

合同履行过程中，发生了下列事件：

事件一： 专业分包单位将管桩专项施工方案报送监理工程师审批，遭到了监理工程师拒绝。在桩基施工过程中，由于专业分包单位没有按设计图纸要求对管桩进行封底施工，监理工程师向施工总承包单位下达了停工令，施工总承包单位认为监理工程师应直接向专业分包单位下达停工令，拒绝签收停工令。

事件二： 在比较密封的地下室设备管道安装气焊作业时，火星溅落到正在施工的聚氨酯防水涂膜层上，引起火灾。

事件三： 当施工进行到第5个月时，因建设单位设计变更导致工作B延期两个月，造成施工总承包单位施工机械停工损失费13 000元。施工总承包单位提出工期和费用索赔。

【问题】

1. 施工总承包单位提交的施工总进度计划的工期是多少个月？指出该工程总进度计划的关键线路（用工作表示）。

2. 事件一中，监理工程师及施工总承包单位的做法是否妥当？分别说明理由。

3. 事件二中属于几级动火？施工现场动火等级分为几级，分别如何办理动火审批手续？

4. 事件三中，施工总承包单位的两项索赔是否成立？并分别说明理由。

【答案书写】

案例分析题十四

【背景资料】

某新建钢筋混凝土框架结构工程，地下 2 层，地上 15 层，建筑总高 58m，玻璃幕墙外立面，钢筋混凝土叠合楼板，预制钢筋混凝土楼梯。基坑挖土深度为 8m，地下水位位于地表以下 8m，采用钢筋混凝土排桩和钢筋混凝土内支撑支护体系。层面为现浇钢筋混凝土板，防水等级为 I 级，采用卷材防水。

在履约过程中，发生了下列事件：

事件一：监理工程师在审查施工组织设计时，发现需要单独编制专项施工方案的分项工程清单内只列有塔吊安装拆除、施工电梯安装拆除、外脚手架工程。监理工程师要求补充完善清单内容。

事件二：在主体结构施工前，与主体结构施工密切相关的某国家标准发生重大修改并开始实施，现场监理机构要求修改施工组织设计，重新审批后才能组织实施。

事件三：施工中，施工单位对幕墙与各楼层楼板件的缝隙防火隔离处理进行了检查；对幕墙的抗风压性能、空气渗透性能、雨水渗透性能、平面变形性能等有关安全和功能检测项目进行了见证取样或抽样检验。

事件四：监理工程师对屋面卷材防水进行了检查，发现屋面女儿墙墙根处等部位的防水做法存在问题，节点施工做法如图 4-7 所示，责令施工单位整改。

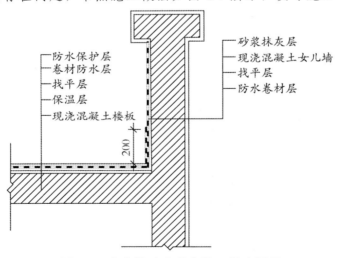

图 4-7　女儿墙防水节点施工做法图示

【问题】

1. 事件一中，按照《危险性较大的分部分项工程安全管理规定》（建办质〔2018〕31 号）规定，本工程还应单独编制哪些专项施工方案？

2. 除了事件二中国家标准发生重大修改的情况外，还有哪些情况发生后也需要修改施工组织设计并重新审批？

3. 事件三中，建筑幕墙与各楼层楼板间的缝隙隔离的主要防火构造做法是什么？幕墙工程中有关安全和功能的检测项目有哪些？

4. 事件四中，指出防水节点施工做法图示中的错误。

【答案书写】

案例分析题十五

【背景资料】

某新建别墅群项目，总建筑面积 45 000m²，各幢别墅均为地下 1 层，地上 3 层，砖混结构。某施工总承包单位项目部按幢编制了单幢工程施工进度计划。某幢计划工期为 180 天，施工进度计划如图 4-8（单位：天）。

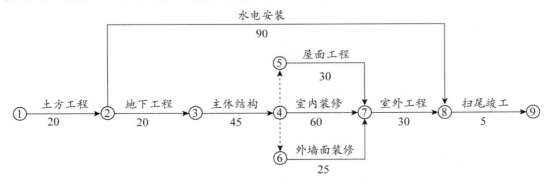

图 4-8　施工进度计划图

该别墅工程开工后第 46 天进行的进度检查时发现，土方工程和地基基础工程基本完成，已开始主体结构工程施工，工期进度滞后 5 天。项目部依据赶工参数，具体见表 4-5，对相关施工过程进行压缩，确保工期不变。

表 4-5　赶工参数表

	施工过程	最大可压缩时（天）	赶工费用（元/天）
1	土方工程	2	800
2	地下工程	4	900
3	主体结构	2	2 700
2	水电安装	3	450
5	室内装修	8	3 000
4	屋面工程	5	420
6	外墙面装修	1	1 000
7	室外工程	3	4 000
8	扫尾竣工	0	

项目部对地下室 M5 水泥砂浆防水层施工提出了技术要求：采用普通硅酸盐水泥、自来水、中砂、防水剂等材料拌和，中砂含泥量不得大于 3%；防水层施工前应采用强度等级 M5 的普通砂浆将基层表面的孔洞、缝隙堵塞抹平；防水层施工要求一遍成型，铺抹时应压实、表面应提浆压光，并及时进行保湿养护 7 天。

监理工程师对室内装饰装修工程检查验收后，要求在装饰装修完工后第 5 天进行 TVOC 等室内环境污染物浓度检测。项目部对检测时间提出异议。

项目部编制施工组织设计时，对施工高峰期的用电设备、用电量进行了计算，计划使用设备 16 台。项目部制定了安全用电和电气防火措施。在库房、道路、仓库等一般场所安装了额定电压为 360V 的照明器。

【问题】

1. 按照经济、合理原则对相关施工过程进行压缩，请分别写出最适宜压缩的施工过程和相应的压缩天数。

2. 找出项目部对地下室水泥砂浆防水层施工技术要求的不妥之处，并分别说明理由。

3. 监理工程师对检测时间的要求是否正确？并说明理由，针对本工程，室内环境污染物浓度检测还应包括哪些项目？

4. 项目部安全用电的做法有哪些不妥？施工现场一般场所还应包括哪些？（最少写出 5 项）

【答案书写】

参考答案

➤ 案例分析题一

1.（1）错误之处一：灌注时桩顶混凝土面超过设计标高 500mm。

正确做法：水下灌注时桩顶混凝土面标高至少要比设计标高超灌 0.8～1.0m。

（2）错误之处二：成桩后按总桩数的 10% 对桩身完整性进行检验。

正确做法：成桩后按总桩数的 20% 对桩身完整性进行检验。

2. 施工横道图如图 4-9 所示：

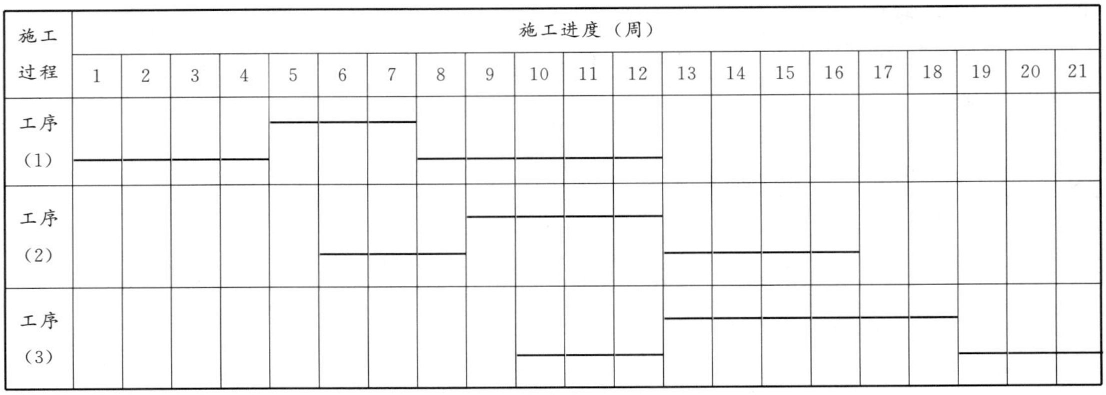

施工过程	施工进度（周）																				
	1	2	3	4	5	6	7	8	9	10	11	12	13	14	15	16	17	18	19	20	21
工序(1)																					
工序(2)																					
工序(3)																					

图 4-9　施工横道图

3.（1）因停工待料导致的窝工，施工单位提出 8 万元费用索赔成立。

理由：停工待料导致的窝工属于建设单位的原因，所以索赔成立。

（2）剥离检验及恢复费用索赔成立。

理由：建设单位可以对工程质量提出异议，施工单位应当配合检测，检测合格的检测费用应由发包人承担。

4.（1）事件四中的不妥之处有：①幕墙专业分包商将资料移交监理不妥；②监理工程师将幕墙分包商资料移交建设单位不妥。

资料移交的正确做法：幕墙专业分包应将资料移交总承包商，由总承包汇总整理后将施工资料移交建设单位；监理单位直接将监理资料移交建设单位。

➤ 案例分析题二

1.（1）前视高程＝后视高程＋后视读数－前视读数＝50.128＋1.116－1.235＝50.009（m）。

（2）土方开挖时应对平面控制桩、水准点、基坑平面位置、水平标高、边坡坡度等经常进行检查。

（3）有支护土方工程可采用中心岛式（也称墩式）挖土、盆式挖土和逆作法挖土等方法。

2.（1）施工单位对软弱下卧层的处理程序不妥。

理由：基坑验槽过程中发现与原地质勘察报告、设计不符或其他的异常情况，应会同勘察、设计等有关单位共同研究处理，施工单位不能自行拟订方案组织实施。

3.（1）不妥之处一：地下连续墙分包未通过建设单位审批。

理由：合同未约定的应通过建设单位审批，否则属于违法分包。

（2）不妥之处二：在管理协议中规定由分包单位承担责任不妥。

理由：总承包单位应承担连带责任，此协议违法。

4.（1）主要防火构造做法：

1）幕墙与各层楼板、隔墙外沿间的缝隙，采用不燃材料或难燃材料封堵，填充材料可采用岩棉或矿棉，其厚度不应小于 100mm，并应满足设计的耐火极限要求。

2）防火层应采用厚度不小于 1.5mm 的镀锌钢板承托。

3）承托板与主体结构、幕墙结构及承托板之间的缝隙应采用防火密封胶密封。

（2）有关安全和功能的检测项目还有：

1）硅酮结构胶的相容性和剥离粘结性。

2）幕墙后置埋件和槽式预埋件的现场拉拔强度。

➤ 案例分析题三

1.（1）政府指定招标代理机构的做法不妥当。

理由：任何单位和个人不得以任何方式为招标人指定招标代理机构。

（2）招标代理机构的做法妥当。

理由：因为《招标投标法实施条例》中对投标人必须具备的条件做出了规定，其中之一是投标人投标当年内没有发生重大质量和特大安全事故。而甲施工单位在一个月前发生过重大质量事故，属于投标当年发生的重大事故，因此可以取消甲施工单位的投标资格。

2.预付备料款的起扣点＝承包工程价款总额－（预付备料款/主要材料所占比重）＝14 250－2 800/55%＝9 159.09（万元）。

3.（1）连续降雨致停工 6 天，造成人员窝工损失 2.2 万元，工期和费用索赔不成立。

理由：因为施工正值雨季，一个有经验的承包商应该能够预测到风险，应该由承包商承担。

（2）罕见特大暴雨，造成停工 2 天，施工机械设备损坏 1.4 万元，工期索赔成立，费用索赔不成立。

理由：罕见特大暴雨属于不可抗力，工期可以顺延，费用由承包商自己承担。

4．（1）选取点数合理，房屋建筑面积≥100m²，<500m² 时，检测点数不少于 3 处。

（2）甲醛：（0.08＋0.06＋0.05＋0.05）/4＝0.06（mg/m³）；氨：（0.2＋0.15＋0.15＋0.14）/4＝0.16（mg/m³）。

（3）学校教室属于Ⅰ类建筑，甲醛浓度应该≤0.07mg/m³，氨浓度应该≤0.15mg/m³，所以甲醛检测指标合格，氨检测指标不合格。

> **案例分析题四**

1．（1）项目管理机构应编制人力资源需求计划、人力资源配置计划和人力资源培训计划。

（2）除了规定材料的使用、限额领料外，还应规定：监督使用、回收过程，并应建立材料使用台账。

2．（1）现场文明施工的内容还包括：

1）规范场容、场貌，保持作业环境整洁卫生。

2）减少施工过程对居民和环境的不利影响。

3）树立绿色施工理念，落实项目文化建设。

（2）项目经理对工人的住宿安排不合理。

理由：通道宽度不得小于 0.9m。宿舍室内净高不得小于 2.5m，且每间宿舍居住人员不得超过 16 人。

3．（1）不妥之处：一只手提式灭火器直接挂在工人宿舍外墙的挂钩上，其顶部离地面的高度为 1.6m。

正确做法：手提式灭火器应使用挂钩悬挂，或摆放在托架上、灭火箱内，其顶部离地面高度应小于 1.5m，底部离地面高度宜大于 0.15m。

（2）手提式灭火器其他的放置方法：对于环境干燥、条件较好的场所，手提式灭火器可直接放在地面上。

4．（1）建设单位工作阶段还包括：招标、合同签订、施工管理。

（2）建设工程项目工程造价包括：招标控制价、投标价、签约合同价、竣工结算价。

> **案例分析题五**

1．该网络计划的关键线路为：①→②→③→④→⑥→⑧。

2. 索赔成立的有事件一、事件四、事件五。

（1）事件一，按不可抗力处理，又是在关键线路上，所以只赔工期5天，不赔费用。

（2）事件四，安装是甲方的责任，也是在关键线路上，所以可赔工期9天，还可赔费用3万元。

（3）事件五，是甲方的责任，但工作不在关键线路上，有总时差存在，所以只赔费用，不赔工期。

3. 乙方可向模板供应商索赔10万元，向劳务分包商索赔0.8万元。因为它们之间有合同关系，而且责任不在乙方，索赔成立。

4. 实际总工期为：600＋5＋10＋9＝624（天）；乙方可得到甲方的工期补偿为：5＋9＝14（天）；工期罚款为：1×10＝10（万元）。

> **案例分析题六**

1. （1）监理工程师的说法不正确。

理由：搭设高度8m及以上的混凝土模板支撑工程施工方案才需要进行专家论证。

（2）本方案需要进行专家论证。

理由：搭设跨度18m及以上的混凝土模板支撑工程施工方案需要进行专家论证，本工程跨度19.8m，故此方案需进行专家论证。

2. 事件二中不妥之处和理由分别如下：

不妥之处一：本单位总工程师，监理、设计单位技术负责人组成专家组。

理由：根据相关规范规定，与本工程有利害关系的人员不得以专家身份参加专家论证会。

不妥之处二：专家组提出口头论证意见后离开，论证会结束。

理由：根据相关规定，方案经论证后，专家组应当提交书面论证报告，并在论证报告上签字确认。

3. （1）按造成直接经济损失严重程度，事件三中事故可划分为较大事故。

（2）建筑工程生产安全事故凡具备下列条件之一的，可判定为较大事故：

1）3人以上10人以下死亡。

2）10人以上50人以下重伤。

3）直接经济损失1 000万元以上、5 000万元以下。

4. 建设工程生产安全事故发生后，报告事故应包括的内容主要有：

（1）事故发生的时间、地点和工程项目、有关单位名称。

（2）事故的简要经过。

（3）事故已经造成或者可能造成的伤亡人数（包括下落不明的人数）和初步估计的直接经济损失。

（4）事故的初步原因。

（5）事故发生后采取的措施及事故控制情况。

（6）事故报告单位或报告人员。

（7）其他应当报告的情况。

➤ 案例分析题七

1.（1）事件一中监理工程师组织基础工程验收不妥当。

理由：基础工程验收属分部工程验收，应由总监理工程师（建设单位项目负责人）组织。

（2）本工程地基基础分部工程验收还应包括如下人员：勘察单位项目负责人、设计单位项目负责人、施工单位技术和质量部门负责人。

2.（1）错误之处一：立杆采用搭接方式接长。

正确做法：立杆接长除顶层顶步外，其余各层各步接头必须采用对接扣件连接。

错误之处二：连墙件仅用 $\phi 8$ 钢筋与主体拉结。

正确做法：高度在 24m 以下的单、双排脚手架，宜采用刚性连墙件与建筑物可靠连接，亦可采用拉筋和顶撑配合使用的附墙连接方式，严禁使用仅有拉筋的柔性连墙件。

错误之处三：横向扫地杆在纵向扫地杆上部。

正确做法：横向扫地杆亦应采用直角扣件固定在紧靠纵向扫地杆下方的立杆上。

错误之处四：高处架体扫地杆未向低处延伸。

正确做法：脚手架立杆基础不在同一高度上时，必须将高处的纵向扫地杆向低处延长两跨与立杆固定。

错误之处五：图中最底一步距的距离为 2.3m。

正确做法：脚手架的底层步距一般不超过 1.8m。

（2）脚手架应在下列阶段进行检查与验收：

1）基础完工后及脚手架搭设前。

2）首层水平杆搭设后。

3）作业脚手架每搭设一个楼层高度。

4）附着式升降脚手架支座、悬挑脚手架悬挑结构搭设固定后。

5）附着式升降脚手架在每次提升前、提升就位后，以及每次下降前、下降就位后。

6) 外挂防护架在首次安装完毕、每次提升前、提升就位后。

7) 搭设支撑脚手架,高度每2~4步或不大于6m。

3. 事件三中有如下不妥之处:

(1) 不妥之处一:进场的小砌块产品龄期达到21天后开始砌筑施工。

正确做法:施工时所用的小砌块的产品龄期不应小于28d。

(2) 不妥之处二:待小砌块表面出现浮水后开始砌筑施工。

正确做法:小砌块表面有浮水时,不得施工。

(3) 不妥之处三:小砌块搭接长度为块体长度的1/3。

正确做法:单排孔小砌块的搭接长度应为块体长度的1/2。

(4) 不妥之处四:填充墙砌筑7天后进行顶砌施工。

正确做法:填充墙顶部与承重主体结构之间的空隙部位,应在填充墙砌筑14d后进行砌筑。

(5) 不妥之处五:为施工方便,在部分墙上留置了净宽度为1.2m的临时施工洞口。

正确做法:在砖墙上留置临时施工洞口,其侧边离交接处墙面不应小于500mm,洞口净宽不应超过1m。

4. 事件四中,主梁、次梁、板钢筋的上下放置正确顺序为:板的钢筋在上,次梁的钢筋居中,主梁的钢筋在下。有圈梁或垫梁时,主梁的钢筋在上。

➤ 案例分析题八

1. 施工组织设计应及时进行修改或补充的情况还有:

(1) 工程设计有重大修改。

(2) 有关法律、法规、规范和标准实施、修订和废止。

(3) 主要施工方法有重大调整。

(4) 施工环境有重大改变。

2. $BCWS$=计划工程量×预算成本单价=1 000×110=110 000=11(万元)。

$BCWP$=已完成工程量×预算成本单价=1 200×110=132 000=13.2(万元)。

$ACWP$=已完成工程量×实际单价=1 200×150=180 000=18(万元)。

$CV=BCWP-ACWP=13.2-18=-4.8$(万元)。

所以,项目运行超出预算成本。

3. (1) 事件三甲施工单位的做法不正确。

理由:按照建筑法、合同法的相关规定,甲施工单位是总承包单位,应该承担总承包责任,接受专业分包单位的索赔报告,按照合同条款和事件情况对专业分包做出答复。然后甲施工单位再向开发公司递交索赔报告。

（2）由于 C 工作在关键线路上，所以可获得 8d 的工期补偿，由于造成停工的责任属于开发公司，所以专业分包单位可以获得 8 万元的误工损失。

4.（1）事件四甲施工单位的做法不正确。

理由：因为甲施工单位是总承包单位，应该承担总承包责任，负责整个施工场地的安全管理。

> **案例分析题九**

1.（1）不妥之处一：安全技术交底只有交底人签字。

正确做法：安全技术交底还应有被交底人、专职安全员的签字确认。

（2）不妥之处二：施工负责人在分派生产任务时，只对管理人员进行了书面安全技术交底。

正确做法：施工负责人在分派生产任务时，应对相关管理人员、施工作业人员进行书面安全技术交底。

2.（1）调整后的施工进度计划网络图如图 4-10 所示：

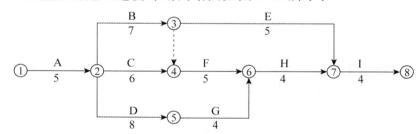

图 4-10　调整后的施工进度计划网络图

（2）关键线路：A→B→F→H→I、A→D→G→H→I。

（3）总工期＝5＋7＋5＋4＋4＝25（月）。

3.（1）工期索赔不成立。

理由：E 为非关键工作，总时差为 4，不可抗力延误的 3 个月没有影响总工期，所以工期索赔不成立。

（2）费用索赔不成立。

理由：32.7 万元的费用索赔中施工设备损失费用 8.2 万元是不能索赔的，因不可抗力事件导致的承包人的施工机械设备损坏及停工损失，由承包人承担。清理和修复工程费用 24.5 万元是可以索赔的，因为不可抗力事件导致工程所需清理、修复费用，由发包人承担。

4.（1）项目部对检测时间提出异议是正确的。

理由：民用建筑工程及室内装修工程的室内环境质量验收，应在工程完工至少 7d 以后、工程交付使用前进行。

（2）针对本工程室内环境污染物浓度检测的项目还有氡、甲醛、氨、苯、甲苯、二甲苯等。

> **案例分析题十**

1.（1）不妥之处一：柱钢筋的绑扎应在柱模板安装后进行。

正确做法：柱钢筋的绑扎应在柱模板安装前进行。

（2）不妥之处二：框架梁、牛腿及柱帽等钢筋，应放在柱子纵向钢筋的外侧。

正确做法：框架梁、牛腿及柱帽等钢筋，应放在柱子纵向钢筋的内侧。

（3）不妥之处三：基础筏板钢筋保护层厚度控制在 40mm。

正确做法：无混凝土垫层（直接接触土体浇筑的构件），混凝土保护层厚度不应小于 70mm。

（4）不妥之处四：钢筋交叉点按照相隔交错扎牢。

正确做法：四周两行钢筋交叉点应每点扎牢，中间部分交叉点可相隔交错扎牢。双向主筋的钢筋网，则须将全部钢筋相交点扎牢。

（5）不妥之处五：绑扎点的钢丝扣绑扎方向要求一致。

正确做法：绑扎时应注意相邻绑扎点的铁丝要成八字形，以免网片歪斜变形。

（6）不妥之处六：上下两层钢筋网之间拉勾要绑扎牢固，以保证上、下两层钢筋网相对位置准确。

正确做法：采用双层钢筋网时，在上层钢筋网下面应设置钢筋撑脚，以保证钢筋位置正确。

2. 事件二中错误之处和正确做法分别如下：

错误之处一：加气混凝土砌块填充墙墙体直接从结构楼面开始砌筑。

正确做法：在厨房、卫生间、浴室等处采用轻骨料混凝土小型空心砌块、蒸压加气混凝土砌块砌筑墙体时，墙底部宜现浇混凝土坎台，其高度宜为 150mm。

错误之处二：蒸压加气混凝土砌块砌筑到梁底并间歇 7 天后立即补砌挤紧。

正确做法：填充墙砌至接近梁、板底时，应留一定空隙，等填充墙砌筑完并应至少间隔 14 天后，再将其补砌挤齐。

3. 事件三中砌体工程不能设置脚手眼的部位有：

（1）120mm 厚墙。

（2）过梁上与过梁成 60°角的三角形范围。

（3）过梁净跨度 1/2 的高度范围内。

（4）宽度小于 1m 的窗间墙。

（5）砌体门窗洞口两侧 200mm 范围内，转角处 450mm 范围内。

（6）梁或梁垫下。

（7）梁或梁垫左右 500mm 范围内。

（8）设计不允许设置脚手眼的部位。

4．（1）事件四中监理工程师要求中的错误之处：提出了"结构实体检验应在专业监理工程师见证下，由施工单位项目负责人组织实施的要求"。

正确做法：结构实体检验应在监理工程师（建设单位项目专业技术负责人）见证下，由施工项目技术负责人组织实施。

（2）结构实体检验包括：混凝土强度、钢筋保护层厚度、结构位置与尺寸偏差以及合同约定的项目，必要时可检验其他项目。

➤ **案例分析题十一**

1．（1）A 施工单位将其中两栋单体建筑的室内精装修和幕墙工程分包给具备相应资质的 B 施工单位合法。

理由：装修和幕墙工程不属于主体结构，可以分包。

（2）B 施工单位将其承包范围内的幕墙工程分包给 C 施工单位不合法。

理由：分包工程不能再分包。

（3）B 施工单位将油漆劳务作业分包给 D 施工单位合法。

理由：分包工程允许劳务再分包。

2．（1）不妥之处一：施工总承包单位将同一炉罐号的钢筋组批进行取样复试。

正确做法：按同一厂家生产的同一品种、同一类型、同一生产批次的进场材料组批进行取样复试。

（2）不妥之处二：调直钢筋时，冷拉率控制为 3%。

正确做法：调直钢筋时，带肋钢筋冷拉率不应超过 1%。

3．（1）错误之处一：A 施工单位认为 B 施工单位应直接向建设单位提出索赔。

理由：B 施工单位只与 A 施工单位有合同关系，与建设单位没有合同关系。

（2）错误之处二：B 施工单位直接向建设单位提出索赔。

理由：B 单位与建设单位之间没有合同关系。

（3）错误之处三：建设单位认为油漆在进场时已由 A 施工单位进行了质量验证并办理接收手续，因油漆不合格而返工的损失由 A 施工单位承担，建设单位拒绝。

理由：建设单位拒绝受理索赔不合理，A 施工单位进行了验证不能免除建设单位购买材料的质量责任。

4．经调整后的实际结算价款＝14 250×（0.2＋0.15×1.12/0.99＋0.30×1.16/1.01＋0.12×0.85/0.99＋0.15×0.80/0.96＋0.08×1.05/0.78）＝

14 962.13（万元）。

➤ 案例分析题十二

1. 事件一中，施工总承包单位应该重点控制关键线路：①→②→③→⑤→⑧→⑩→⑪。

2. （1）事件二索赔成立，因为是非承包商责任。

（2）费用索赔申请一览表中的不妥之处有：

1）不妥之处一：机械设备闲置费补偿按台班费计算。

理由：因窝工引起的设备费索赔，当施工机械属于施工企业自有时，按照机械折旧费计算索赔费用；当施工机械是施工企业从外部租赁时，索赔费用的标准按照设备租赁费计算。

2）不妥之处二：人工窝工费补偿按人工工日单价计算。

理由：停工损失费和工作效率降低的损失费按窝工费计算，窝工费的标准双方应在合同中约定。

3. 事件三中：

（1）工作 K 总时差 2 个月，进度偏差导致总工期拖延 1 个月。

工作 H 总时差 0 个月，为关键工作，进度偏差导致总工期拖延 1 个月。

工作 F 总时差 2 个月，进度偏差导致总工期拖延 0 个月。

（2）工作 K 索赔成立，因为是非承包商原因，但工作 K 只能索赔 1 个月工期（延误 3 个月，有 2 个月的总时差）。

工作 H 索赔不成立，因为是承包商自身原因。

工作 F 索赔不成立，因为是承包商自身原因。

工期最终可以索赔 1 个月。

4. 事件四中：

（1）还应满足的要求有：

1）抗拉强度实测值与屈服强度实测值的比值不应小于 1.25。

2）屈服强度实测值与屈服强度标准值的比值不应大于 1.30。

3）最大力总延伸率实测值不应小于 9%。

（2）抗拉强度实测值与屈服强度实测值的比值 561/460＝1.22＜1.25（不符合要求）；屈服强度实测值与屈服强度标准值的比值 460/400＝1.15＜1.30（符合要求）。

➤ 案例分析题十三

1. 施工总承包单位提交的施工总进度计划的工期是 18 个月。

该工程总进度计划的关键线路为 A→C→F→H→K→M→N。

2.（1）监理工程师做法妥当。

理由：专业分包单位与建设单位没有合同关系，分包单位不得与建设单位和监理单位发生工作联系，应为总承包编制送审，所以拒收分包单位报送专项施工方案以及对总包单位下达停工令是妥当的。

（2）施工总承包单位做法不妥当。

理由：专业分包单位与建设单位没有合同关系，监理单位不得对其下达停工令；而总包单位与建设单位有合同关系，并且应对分包工程质量和分包单位负有连带责任，所以施工总承包单位拒签停工令的做法是不妥当的。

3.（1）事件二中属于一级动火。

（2）施工现场动火等级分为三级。

（3）一级动火作业由项目负责人组织编制防火安全技术方案，填写动火申请表，报企业安全管理部门审查批准后，方可动火。

二级动火作业由项目责任工程师组织拟定防火安全技术措施，填写动火申请表，报项目安全管理部门和项目负责人审查批准后，方可动火。

三级动火作业由所在班组填写动火申请表，经项目责任工程师和项目安全管理部门审查批准后，方可动火。

4.（1）施工机械停工损失费 13 000 元的索赔成立。

理由：由设计变更引起的，应由建设单位承担责任。

（2）延期 2 个月的工期索赔不成立。

理由：工作 B 有 2 个月的总时差，延长 2 个月不会影响总工期。

➤ 案例分析题十四

1. 事件一中，本工程还应单独编制专项施工方案的有：

（1）深基坑工程：开挖深度超过 5m（含 5m）的基坑（槽）的土方开挖、支护、降水工程。

（2）模板工程及支撑体系。

（3）高度 50m 及以上的建筑幕墙安装工程。

2. 施工组织设计修改并重新审批的情况：

（1）主要施工方法有重大调整。

（2）主要施工资源配置有重大调整。

（3）工程设计有重大修改。

（4）施工环境有重大改变。

3.（1）事件三中，建筑幕墙与各楼层楼板间的缝隙隔离的主要防火构造做法：

1）采用不燃材料封堵，填充材料可采用岩棉或矿棉，其厚度不应小于100mm，并应满足设计的耐火极限要求，在楼层间形成水平防火烟带。

2）防火层应采用厚度不小于1.5mm的镀锌钢板承托，不得采用铝板。

3）承托板与主体结构、幕墙结构及承托板之间的缝隙应采用防火密封胶密封。

（2）幕墙工程中有关安全和功能的检测项目有：

1）硅酮结构胶的相容性和剥离粘结性。

2）幕墙后置埋件和槽式预埋件的现场拉拔力。

3）幕墙的耐风压性能、气密性、水密性及层间变形性能。

4.（1）错误之处一：女儿墙泛水附加层未伸入平面，附加层宽度200mm。

正确做法：女儿墙泛水处的防水层下应增设附加层，附加层在平面和立面的宽度均不应小于250mm。

（2）错误之处二：卷材收头没有处理。

正确做法：卷材收头应用金属压条钉压，并应用密封材料封严。

（3）错误之处三：防水层仅设置一道防水设防。

正确做法：高层建筑应设置两道防水设防（防水等级Ⅰ级两道防水设防）。

（4）错误之处四：女儿墙与屋面板转角处未做细部处理。

正确做法：女儿墙与屋面板转角处应做成钝角（圆弧形）。

（5）错误之处五：女儿墙压顶处未做滴水线（鹰嘴）。

正确做法：女儿墙压顶处应做滴水槽（鹰嘴），以隔断雨水沿女儿墙向室内渗漏的途径。

（6）错误之处六：卷材防水层与防水保护层之间未做隔离层。

正确做法：保护层铺设前，应在防水层上做隔离层。

➢ 案例分析题十五

1.依据工期压缩的原则，即优先压缩赶工费增加最少的工作，则

（1）将主体结构施工过程压缩2天。

（2）将室内装修施工过程压缩3天。

2.（1）不妥之处一：采用普通硅酸盐水泥、自来水、中砂、防水剂等材料拌和，中砂含泥量不得大于3％。

理由：水泥砂浆应使用硅酸盐水泥、普通硅酸盐水泥或特种水泥。砂宜采用中砂，含泥量不应大于1％。拌制用水、聚合物乳液、外加剂等的质量要求应符合国家现行标准的有关规定。

（2）不妥之处二：防水层施工前采用强度等级 M5 的普通砂浆将基层表面的孔洞、缝隙堵塞抹平。

理由：应采用与防水层相同的防水砂浆将基层表面的孔洞、缝隙堵塞抹平。

（3）不妥之处三：防水层施工要求一遍成活。

理由：防水砂浆宜采用多层抹压法施工。

（4）不妥之处四：保湿养护 7 天。

理由：水泥砂浆防水层至少养护 14 天。

3．（1）监理工程师对检测时间的要求不正确。

理由：民用建筑工程及室内装修工程的室内环境质量验收，应在工程完工至少 7d 以后、工程交付使用前进行。

（2）针对本工程室内环境污染物浓度检测还有氡、甲醛、氨、苯、甲苯、二甲苯等。

4．（1）不妥之处一：对现场的用电编制了"安全用电和电气防火措施"。

正确做法：施工现场临时用电设备在 5 台及以上或设备总容量在 50kW 及以上时，应编制"用电组织设计"。

不妥之处二：在库房、道路、仓库等一般场所安装了额定电压为 360V 的照明器。

正确做法：一般场所宜选用额定电压为 220V 的照明器。

（2）施工现场一般场所还应包括：办公室；食堂；宿舍；料具堆放场所；自然采光差的场所；坑、洞、井内作业；夜间施工。